水利水电工程抗冲耐磨材料与应用

陈　亮　汪在芹　冯　菁　等　编著

中国科学技术协会和中国水利学会"青年人才助力计划"资助

科 学 出 版 社

北 京

内 容 简 介

　　水工建筑物,尤其是泄洪与输水建筑物易遭受水流冲磨破坏,这种冲磨破坏作用会对工程安全运行造成严重威胁。本书在对水利水电工程抗冲耐磨需求分析的基础上,重点介绍应用于水工混凝土修补防护类抗冲耐磨材料的发展历程和种类;根据水利水电工程冲磨破坏特点和机理,提出水工混凝土抗冲耐磨材料的选择原则;对水利水电工程中常用的环氧树脂类、聚脲类、聚合物改性水泥基类等抗冲耐磨材料的基本原理、性能特点、代表性产品和测试、表征方法,以及各类材料的施工工艺进行介绍,最后列举抗冲耐磨材料在几个典型水利水电工程中的应用实例。

　　本书实用性强,可供水利水电工程建设、设计、施工,以及材料开发与应用技术人员参考阅读。

图书在版编目(CIP)数据

水利水电工程抗冲耐磨材料与应用/陈亮等编著. —北京:科学出版社, 2017.12

ISBN 978-7-03-055506-9

Ⅰ.①水…　Ⅱ.①陈…　Ⅲ.①水利水电工程-抗冲击-水工材料-研究 ②水利水电工程-耐磨材料-水工材料-研究　Ⅳ.①TV4

中国版本图书馆 CIP 数据核字(2017)第 281496 号

责任编辑:杨光华　何　念　郑佩佩/责任校对:董艳辉
责任印制:彭　超/封面设计:苏　波

科学出版社 出版

北京东黄城根北街 16 号
邮政编码:100717
http://www.sciencep.com

武汉市首壹印务有限公司印刷
科学出版社发行　各地新华书店经销
*

开本:787×1092　1/16
2017 年 12 月第 一 版　印张:12 3/4
2017 年 12 月第一次印刷　字数:298 000

定价:78.00 元

(如有印装质量问题,我社负责调换)

前　　言

　　《国家中长期科学和技术发展规划纲要(2006—2020年)》和《水利科技发展战略研究报告》中,将复杂与恶劣条件下水利工程建设关键技术研究和水工建筑物耐久性研究列为重点研究课题。党中央、国务院也对我国"十三五"期间加快水利改革发展做出了一系列决策部署,把水安全上升为国家战略,部署加快推进节水供水重大水利工程建设,决定大幅增加国家创投引导资金,促进新兴产业发展,"十三五"期间分步建设172项重大水利工程,为"十三五"水利改革发展指明了方向,提供了强有力的政策支持和保障。

　　随着我国水利水电工程建设的高速发展,高水头、大流量泄水建筑物日益增多,溢流坝、泄洪洞、泄水闸、消力池等泄水建筑物表面遭受高速水流、悬移质、推移质的冲击磨损破坏越来越普遍和严重,同时大量的通航建筑物如船闸等也因受过往船只的碰撞、摩擦而受到破坏,影响船闸混凝土的耐久性和美观。当流速较高且泥沙含量大时,水工建筑物遭受的冲刷磨损更为严重。据调查,在已建成的大中型水利水电工程中有近70%存在冲磨破坏现象,尤其是在黄河干流上的几个大型水电站和西南地区的水利水电工程中,水工建筑物的冲磨问题已经成为一些水电站运行中的主要病害之一,危及工程安全运行,每年需投入大量人力、财力维修。水工建筑物的冲磨问题受到了越来越多的水利水电科技工作者的重视,但多年来一直未能得到较好的解决。因此,积极开展水利工程水工建筑物抗冲耐磨研究,提高水工建筑物特别是泄水建筑物的抗冲耐磨能力并延长水利工程的安全运行寿命,已成为我国水利水电工程领域的重要课题。

　　长江水利委员会长江科学院在国家国际科技合作专项、水利部公益性行业专项、国家自然科学基金、中国科学技术协会和中国水利学会"青年人才助力计划"、武汉市高新技术产业科技创新团队项目、长江科学院创新团队等项目的持续资助下,通过团队合作和科技攻关,针对我国水工建筑物冲磨破坏技术难题,开发新型抗冲磨耐防护材料与配套的施工工艺,并开展了工程应用。本书是在科研项目研究成果的基础上,查阅国内外相关文献和书籍,综合归纳和总结前人的研究和应用成果,调研国内大型工程应用实例而编写。

　　本书是在教授级高级工程师汪在芹的指导下编写完成的,全书共分 6 章,第 1 章绪论、第 2 章水工抗冲耐磨原理由王媛怡编写,第 3 章抗冲耐磨材料由冯菁编写,第 4 章抗冲耐磨材料性能测试方法由肖承京编写,第 5 章抗冲耐磨材料施工工艺、第 6 章水利水电工程几个典型工程应用由陈亮编写。最后由陈亮完成全书统稿和校稿工作。

　　本书在分析和综述水利水电工程抗冲耐磨材料的基础上,对其进行了分类。抗冲耐磨混凝土为主要的抗冲耐磨材料,但由于其属于混凝土范畴,本书并未对其展开阐述。本书重点在于阐述水工建筑物薄层修补或后期防护用抗冲耐磨材料,这也是水工最常用的修补和防护新型材料。

　　本书的研究成果得到以下项目的资助,特此感谢:

　　(1) 中国科学技术协会和中国水利学会"青年人才助力计划"(2015～2017 年);

　　(2) 国家自然科学基金面上项目"低渗性不良地质体化学灌浆浸润渗透能力动力学研究"(51378078);

　　(3) 中国华能集团科技项目"高海拔地区水工建筑物过流区抗冲磨防护技术研究"(HNKJ15-H14);

　　(4) 武汉市高新技术产业科技创新团队项目"水利工程病害治理及长效防护新材料与新技术研究"(2016070204020166)。

　　在项目研究和本书编写过程中,得到了中国水利学会、华能集团技术创新中心、中国华能集团有限公司西藏分公司等单位领导和专家的关心和帮助,在此一并致以衷心的感谢!

　　由于编者水平有限,书中难免存在疏漏之处,敬请各位读者批评指正,有机会再版时一并补充更正。

2017 年 9 月

目　　录

第 1 章

绪 论

　　水是人类经济活动和生活不可或缺的自然资源,水利事业是国民经济发展的重要基础设施,不仅直接关系到防洪安全、供水安全、粮食安全,而且关系到经济安全、生态安全、国家安全。近年来,我国经济发展前景和市场空间广阔,全社会对水利高度关注,一大批国家重点水利工程,尤其是近年来实施的172项重大水利工程,正在规划和兴建中。这些水利工程在水力发电、农业灌溉、防洪度汛及推进国民经济建设等方面有着重要的现实意义,工程的安全运行同时影响着整个工程效益的充分发挥和人民的生命财产安全。

　　我国水利水电工程多位于西部河流落差较大的地区,由于这些地区水流湍急,水中夹杂大量泥、沙、石等悬移质、推移质,会对水工泄水建筑物、输水隧洞、输水渠道等建筑物及河道等造成严重的冲刷和磨蚀破坏,严重影响着工程的安全运行。调查研究发现,全世界70%以上的大中型水利水电工程存在冲磨破坏现象,每年汛期后均需对水损建筑物进行维修,耗费了大量人力物力财力。由于水工建筑物冲磨破坏问题涉及自然因素、设计、材料、施工等诸多方面,到目前为止这一问题尚未完全攻克,因此开发水利水电工程抗冲耐磨材料并开展应用研究,对于提高水工建筑物的安全服役寿命具有重要意义。

1.1 抗冲耐磨防护的重要性

携带大量悬移质和推移质泥沙的高速水流对水工建筑物混凝土的冲刷磨损是水工泄水建筑物常见的病害之一,这种病害主要发生在大坝的溢洪道、通航建筑物的闸室底板、输水廊道及大坝底部的排沙孔等部位,修复十分困难。因此,对水利水电工程而言,过水建筑物混凝土的冲刷磨损是不可忽视的重要问题,已引起相关工程技术人员的高度重视。

通常,我们将含悬移质泥沙水流对混凝土的冲磨破坏称为悬移质破坏,它主要是由紊流猝发导致的涡旋造成的,破坏形式多表现为磨损、切削;含推移质泥沙水流对混凝土的冲磨破坏称为推移质破坏,大粒径的推移质泥沙顺水流在混凝土表面滑动、滚动、跳跃,对混凝土既有摩擦、切削破坏,又有冲击、撞击破坏,冲磨破坏作用最为严重。因此,推移质泥沙常常比悬移质泥沙更具危害性。而且在含推移质泥沙水流中,不可能只含有大粒径的推移质泥沙,往往还含有大量的悬移质泥沙,含推移质泥沙水流对混凝土的冲磨破坏往往是悬移质泥沙与推移质泥沙共同作用的结果。当混凝土局部遭受冲磨破坏后,混凝土表面平整度下降,进而诱导高速水流产生空蚀,使得混凝土在"冲击-撞击-空蚀"的连续作用下加速破坏。

我国西南地区一些河流的上中游多为深山峡谷,山高坡陡,水流湍急,由岸坡崩坍而形成的大量泥沙顺流而下,建在这些河道上的水工建筑物常常遭到含沙水流的冲磨破坏。水工建筑物的过流面部位,如溢流坝、溢洪道、泄洪隧洞、泄水闸闸室底板、护坦、消力墩、排沙底孔的底板及边墙等,当受到高速挟沙水流或挟带推移质水流的冲击并经历一定运行时间后,往往会出现不同程度的磨蚀和冲砸破坏或气蚀破坏,导致表面混凝土大面积剥蚀,甚至造成钢筋出露和破坏。过流面混凝土的破坏不仅会影响建筑物自身的安全运行,而且还会对其毗邻建筑物的安全造成威胁,进而对工程的整体寿命产生极大的影响。

由于受到高速水流的冲刷,部分水利工程泄水建筑物冲刷面混凝土建成后不久就磨损严重,必须重新投入大量人力物力进行维修,有的工程曾采用多种材料和技术进行数次修补维护,但抗冲耐磨效果仍不理想。对水工建筑物破坏情况的调查结果表明,在已建的大中型水利水电工程中,有近70%存在冲磨、空蚀破坏,这些问题的存在严重影响了建筑物的安全运行及效益的发挥。下面列举几个国内外典型水利枢纽的冲刷磨损情况及部分应对措施(祖福兴,2010;杨春光,2006;黄国兴和陈改新 等,1998;韩素芳,1996)。

刘家峡水电站拦河大坝为混凝土重力坝,最大坝高147 m。泄水道的功能主要是泄洪、排沙、灌溉和放空水库。设计水位时总泄量1488 m³/s,检修门槽处最大平均流速25.3 m/s,工作门后最大平均流速31.0 m/s,属高速水流建筑物。泄水道1969年投入运行。1998年电厂结合第二次大坝安全定期检查,对泄水道磨蚀情况进行全面检测,特别是对常年处于水下的检修门槽及其上游部位进行水下电视和潜水检查,结果发现泄水道2号孔进水口磨蚀破坏严重。底板部位原涂抹的10 mm厚的环氧树脂砂浆(简称环氧砂浆)早已磨蚀完了;检修门槽部位钢衬磨蚀深度普遍达 9.3 mm,工作门槽部位普遍达 11.6 mm,并形成星罗棋布的大小孔洞,深达 50~70 mm,在钢衬下互相贯通,脱空面积达 70%以上;底板钢衬与上游混凝土接触处,磨蚀成一道锯齿形沟槽,宽约 70 mm,深达 120 mm,定型工字钢外露;钢衬上游混凝土磨蚀深度达 30~40 mm,粗骨料裸露呈悬浮状。左侧中墩混凝土距底板以上1.5 m 范围内磨蚀严重,钢筋外露,最深达 110 mm,1.5 m 以上磨蚀深度逐渐减小,5.0 m 以上混凝土表面呈麻面状,顶部混凝土完好。右侧墙破坏情况与左中墩基本相同。在工作门槽处,除底板钢衬磨蚀外,工作门槽的滚轮主轨也遭受严重磨蚀。主轨踏面上,自底板至孔顶磨蚀成坑槽状,长度为 20~60 mm 不等,宽度为 3~12 mm,间距为 20~70 mm,中下部密,上部稀;圆弧护角处呈指印状的坑槽(顺水流方向)紧密相连,严重处已蚀穿钢板,露出了混凝土;左侧主轨及护角的磨蚀比右侧严重,左圆弧护角在距底板 3~6 m 范围被冲走。

刘家峡水电站拦河大坝右岸永久泄洪洞,由原施工导流隧洞改建而成。平面布置为一直线,泄洪水头约 120 m,最大流速 40~45 m/s。该泄洪洞从施工导流,到永久泄洪洞斜井段开挖完毕,再到过水斜井反弧段用 30 cm 厚的 300 号混凝土(旧标号,约等于 C28 强度混凝土)衬砌后正式运行,曾先后发生三次严重破坏。关于第三次正式运行所产生的严重破坏,现场会比较一致的意见为:主要是混凝土表面不平整(底板上有凸体、错台和钢筋头等)引起的气蚀破坏连锁反应,造成了大面积的气蚀破坏。之后用环氧砂浆及 300 号混凝土进行了修补,并注重了表面的平整度,但效果并不理想。

黄河三门峡水利枢纽工程于 1960 年基本建成,并开始蓄水。三门峡大坝泄水排沙钢管和底孔的水头为 20~35 m,最大流速约为 17 m/s,年平均含沙量约为 40 kg/m³,日平均最大含沙量约 640 kg/m³,泄流期间基本处于满流状态,由于高含沙水流使泄洪建筑物严重损坏,底孔整个周界面上均有磨损现象,底板、侧墙的 R200 混凝土表面磨损较严重,顶板较轻。2 号底孔累计运行 18 842 h 后,先后对底孔的单层孔和双层孔进行了全面检查,发现工作门后形成四处大面积冲蚀坑,一般坑深 20 cm,底部钢筋已被磨扁或磨细,侧墙 3 m 以下混凝土表面磨损严重,80~120 mm 特大骨料裸露。单层孔和双层孔进口斜门槽正向不锈钢导轨在高程 282.5~288.0 m 的迎水面有不连续的沟槽或缺口(斜门槽为矩形断面,宽 120 cm、深 55 cm),严重部位导轨磨损呈锯齿状,有的部位导轨及基座方钢几乎磨平;单层孔和双层孔进口斜门槽水封座板在高程 281.0~290.0 m 处破坏呈锯齿状和蜂窝状,在门槽边缘 10 cm 范围内及侧面角钢大部分磨穿,混凝土被淘深 2~8 cm;单层孔和双层孔进口门槽底坎被淘成锅底状,底孔中心部位混凝土淘深 8~15 cm,大部分钢板被磨损坏;单层孔和双层孔底孔进口喇叭口顶板(椭圆曲线)有一定的破坏,高程 291.0 m 以下的钢板护面已被磨穿,但混凝土基本完好;单层孔工作门槽在高程 282.0~284.0 m 范围内的导轨严重损坏,有大如手指顺水流向的槽坑和缺口;双层孔工作门槽在高程 282.0~288.0 m 底孔段范围内的导轨均有破坏,在高程 287.0~288.0 m 范围内最为严重,导轨的一半已被剥蚀,在高程 300.0~306.0 m 深孔段门槽内导轨有沟槽状破坏,在高程 300.0~302.0 m 范围内较严重,导轨呈锯齿状,在串水门井段(高程 288.0~300.0 m)的混凝土及不锈钢导轨未发现损坏;底孔底板严重磨损,破坏面积占 4/5,粗骨料全部外露,平均磨深 14 cm,并有多处冲坑,最大冲坑面积约 5.6 m×2.3 m,深 0.2 m,钢筋外露 20 余根,有的钢筋磨掉 1/3 左右;底孔边墙在高程 284.0 m 以下有较严重磨损,混凝土粗骨料外露,最大磨损深度约 7 cm,高程 284.0 m 以上磨损较轻,底孔顶板无明显磨损痕迹。

三门峡大坝底孔的 300 号抗磨混凝土或水泥砂浆抹平层,经过三个汛期运行后,检查发现底板两侧墙的下部磨蚀严重,气蚀坑直径 6～12 cm,深 2～6 cm。闸门槽轨道面上的不锈钢也有直径为 0.5～2.0 cm 的鱼鳞坑。先后分别铺砌了环氧砂浆、辉绿岩铸石板、水泥石英砂浆及钢板等几种材料,效果均较好。其中 3 号底孔的比较试验结果如下:①辉绿岩铸石板。辉绿岩铸石板经过精细施工,如能保证完好的黏接,其抗磨性能超过钢材,是最耐磨损的一种材料。由于环氧砂浆的施工质量难以保证,故铸石作为耐磨损材料,其成败的关键是黏接材料。②环氧砂浆。环氧砂浆是由环氧树脂和胺类固化剂等材料与石英砂拌和而成,具有很高的强度。在其面上没有发现剥离裂缝或磨蚀的坑洞,表面磨损约 1 mm,抗磨性能较好。③水泥石英砂浆。水泥石英砂浆用 500 号普通硅酸盐水泥(P.O 425)拌制,水灰比为 1∶2.85,灰砂比为 1∶1.37。表面磨损虽较严重,出口段较检修闸门后尤甚,磨损约 5 mm,但没有发现剥离和大的坑洞。由于灰砂比大,水泥用量多,又未掺外加剂,多余水分会在砂浆中形成许多孔洞,约占砂浆总体积的 60%,加之其布置在底孔的出口段,水流条件差,从而加速了磨损。④钢材。三门峡的实践表明,钢材的抗磨性能低于铸石、环氧砂浆和抗冲耐磨混凝土。例如,5～8 号钢管的 30 号钢板镶护层和水轮机组过水部件表面的铬五铜钢抗磨层,经过一个汛期的洪水冲刷,就受到严重的冲蚀破坏。

葛洲坝水利枢纽二江泄水闸位于长江干流上的葛洲坝水利枢纽,年平均输沙量达 5125×10^8 t,悬移质约占 98%,推移质实测最大粒径达 350 mm。二江泄水闸是该坝最主要的泄水排沙建筑物,设计最大流速 17～22 m/s,1981～1994 年,实际最大泄量 65 600 m³/s,受弯道河势影响,磨蚀破坏呈左轻右重态势,且闸室比护坦严重,右侧 24～27 号孔底板中部曾磨蚀成宽达 6～8 m、深 10 cm 的沟槽,弧门底坎 12 mm 厚钢板局部磨穿,闸室侧墙 3 m 以下大骨料出露,闸室以下 40～50 m 范围护坦最大磨蚀深度 5～6 cm,中、小骨料外露。该坝经过 14 次检修,基本掌握了泥沙的磨蚀规律。

龚嘴大坝位于西南山区大渡河上的龚嘴大坝,近年来坝前泥沙进一步粗化,2001 年与 1994 年相比,最大粒径由 1107 mm 增至 1117 mm,汛期洪水还夹带大量鹅卵石过坝。1989 年整治后的消力塘,2002 年检查时发现,周边骨料普遍外露,局部钢筋脱落、混凝土淘空,底部被鹅卵石覆盖。6 号、10 号、15 号三个冲沙底孔自 1971 年以来,分别运行 11 156 h、12 411 h 和 15 571 h(流速 21～27 m/s)。检修门后的破坏部位已分别修复了 6 次、5 次和 10 次,都未遏制住磨蚀破坏的趋势。2002 年检查时发现:进水口底部混凝土大面积缺损,局部钢筋悬空于表面;侧墙钢板水封滑道上的沟槽磨蚀深度达 10～20 mm;工作门后面边墙 6 m 以下的混凝土骨料和大量钢筋外露,平均冲坑深度达 20 cm。

南垭河石棉二级水电站是大渡河支流南垭河上的引水式径流发电站。五十年一遇设计洪水为 1000 m³/s，目测个别过闸推移质大颗粒粒径 1.0～1.5 m，于 1965 年建成发电。当年汛后(实测洪峰流量分别为 280 m³/s 和 380 m³/s，最大流速约12 m/s)，首部枢纽的冲沙闸底板和护坦的 150 号混凝土被冲成深槽，最深处为 70 cm，埋设的小于 28 mm 钢筋全部磨断，护坦后的钢筋石笼海漫大部冲坏冲走，危及闸身的安全，曾进行多次修复。

美国大古里水电站的溢洪道鼻坎，1943 年 3 月潜水检查，发现一个很大的破坏区，深度为 0.3～1 m，采用沉箱法经 8 年修复。该坝的中层泄水孔(水头 60～75 m)，由于底板以 1：20.8 的斜率突然扩散，引起气蚀，以致出口侧墙的钢筋露出，修建 127 mm×152 mm 的通气槽后，运行了 12 000 h 未再发生破坏。

美国的万希普、纳瓦约等大坝，在泄洪洞出口处平板闸门下游(水头 42～96 m)，气蚀引起了闸门下游混凝土不同程度的破坏。曾用环氧材料修补，仍几乎全部被破坏，而且新的破坏范围更大。之后用不锈钢板衬砌 15 m，效果较好。

美国德沃夏克坝的溢洪道在运行 16 个月后，由于受到池内聚集在水底的卵碎石、钢筋和其他杂物冲磨，消力池遭受到严重的破坏，以致出现了深达 3 m 的冲蚀，大约 1500 m³ 的混凝土和基岩被冲蚀。曾用钢纤维和聚合物浸渍混凝土修补，初步效果良好。

美国利贝坝的泄水底孔及边墙，曾用钢纤维混凝土修补，初步效果良好。

巴基斯坦的塔贝拉坝，1976 年 4 月受到第二次破坏的消力池，用钢纤维混凝土修复，在 3 m 厚 6000 m² 的消力池底板上浇筑 50 cm 厚的钢纤维混凝土。

印度巴克拉溢流坝在施工期间过水，混凝土护坦损坏较严重，磨损 15～23 cm，最大冲坑深度为 1.06 m。后采用水下高强混凝土修补，经过一年汛期运行后，检查表明修补冲坑的混凝土部分表面稍有磨损，其余大部分完好。

调查的其他水工建筑物冲磨、空蚀破坏情况见表 1.1。

表 1.1 我国部分水工建筑物冲磨、空蚀破坏情况表

工程名称	坝高/m	多年平均含沙量/(kg/m³)	主要冲磨、空蚀破坏情况	现状
柘溪水电站	104.0	0.22	溢流坝门槽后，鼻坎消力墩受空蚀破坏	修补无效，做改形试验有改善
凤滩水电站	112.5	0.36	溢流坝面有一冲坑，底孔鼻坎左侧有一空蚀坑	已用环氧砂浆修补，未坏
陆浑水水库	55.0	3.62	输水洞门槽后空蚀，底部冲痕露出钢筋	用喷浆和高标号混凝土修补，同时限制水位运行
盐锅峡水电站	57.2	3.38	消力池冲刷，空蚀破坏；电厂尾水池冲刷严重，水下情况不清	水上已维修 未处理
丹江口枢纽	97.0	4.85	溢流面临时台阶型断面，空蚀破坏	现已改形处理
新安江水电站	105.0	0.41	电厂尾墩冲刷露石较严重	未处理
富春江水电站	47.7	0.22	闸下鼻坎有空蚀，电厂尾墩冲刷露石(不严重)	未处理

续表

工程名称	坝高 /m	多年平均含沙量 /(kg/m³)	主要冲磨、空蚀破坏情况	现状
安砂水电站	92.0	0.21	挑流鼻坎露石(不严重)	未处理
陈村水电站	76.3	0.14	挑流鼻坎露石	未处理
合面狮水电站	54.5	0.46	溢流面局部冲蚀	环氧修补,大部分冲落
新丰江水电站	105.0	—	溢流面真空作业混凝土完好,普通混凝土个别地方露石	未处理
佛子岭水电站	74.4	0.53	电厂尾墩有冲刷现象	未处理
梅山水库	84.2	0.13	溢洪道混凝土有剥落现象,部位在伸缩缝处	未处理
响洪甸水库	87.5	—	泄水隧洞有空蚀	门槽经改形及铸钢板衬砌,较成功,其他部位仍有小空蚀
黄龙滩水电站	107.0	0.22	挑流鼻坎局部断裂,8号坝段鼻坎局部空蚀,并有露筋	未处理
古田一级水电站	71.0	—	溢流面反弧段露石,并有数处冲坑	未处理
古田三级水电站	43.0	—	溢流面反弧段露石	未处理
青铜峡水电站	—	—	泄洪闸门槽下游空蚀;机组尾水管出口有冲刷,钢筋外露	已修复
陆水水电站	—	0.14	泄洪道消力池趾墩后空蚀,护坦被推移质磨损	趾墩外形改建,消力池护坦用预缩砂浆修补,现完好
碧口水电站	—	349.00	泄洪道空蚀破坏;排沙孔工作门下游空蚀;导流洞导流期推移质磨损严重	用环氧砂浆及高强砂浆修补,现运行基本正常
都江堰水利工程	728.0	—	外江闸闸室下游护坦推移质磨损;飞沙堰推移质磨损	每年检修
映秀湾水电站	21.0	—	泄洪闸推移质及漂木撞击磨损严重	每年检修,用硅粉钢纤维混凝土修补后效果较好
渔子溪水电站	—		拦河闸推移质磨损	每年检修
葛洲坝水电站	47.0	12.00	排沙底孔进水口检修门槽底坎冲磨破坏严重	每年检修
向家坝水电站	384.0	1.72	孔流道空蚀、磨损、刮痕;消力池冲磨破坏,粗骨料外露	已处理,每年检修
溪洛渡水电站	285.5	1.72	消力池冲磨破坏,骨料微外露	已处理
构皮滩水电站	225.0	—	水垫塘底板冲磨破坏;边墙推移质磨损	已修复
沙沱水电站	101.0	—	消力池池板大范围冲坑,钢筋外露;底板、边墙表层混凝土磨蚀,钢筋外露;溢流面裂缝,止水系统破坏	已修复
隔河岩水电站	151.00	0.74	消力池底板较大冲坑,粗骨料、钢筋外露	已处理
西藏自治区某水电站	116.0	0.53(推算)	大坝溢流坝段混凝土部分裂缝和剥落	已修复,运行3年无破损

通过上述案例可见,为保障工程的安全运行,大部分水利工程的受冲刷部位混凝土在运行一定年限后往往需要定期修补。长期不修补所造成的损失会难以估量。

随着西部大开发和西电东送发展战略的实施,我国水电工程向西部转移,水利资源的特殊性导致水流含沙量增加、水头增高、流速增大,使得含沙水流对水工建筑物的冲刷磨损破坏也越来越突出,泄水消能建筑物表面抗高速水流冲磨破坏的问题越来越受到人们的重视。例如,在溪洛渡水电站导流洞、乌江构皮滩水电站水垫塘、乌江沙沱水电站消力池、向家坝水电站消力池中均存在较为严重的冲磨破坏问题,如图 1.1 所示。随着高坝建设的迅速发展,水工泄水消能建筑物的防冲问题越来越突出,建筑物的设计难度越来越大。目前,我国众多水利工程的泄洪消能功率已经达到世界前列,从高坝泄洪消能防冲设计角度讲,已经达到国际先进水平。但是,泄洪消能建筑结构材料的气蚀、冲蚀磨损问题却远远没有得到较好的解决。

（a）金沙江溪洛渡水电站导流洞

（b）乌江构皮滩水电站水垫塘

（c）乌江沙沱水电站消力池

（d）金沙江向家坝水电站消力池

图 1.1 部分水工建筑物冲磨破坏情况

除此之外,西部地区有更严苛的环境,对抗冲耐磨材料有更高的要求和挑战。例如,西藏地区水利工程由于处在寒冷、大温差、冻融循环频繁的环境中,以及河道水流含沙量高,外界环境因素与水流冲磨破坏联合作用,建筑物破坏更加严重,如松多电站溢流槽侧墙冻融与冲磨相互作用,混凝土剥落严重,见图 1.2。查龙水电站的泄槽底板表面混凝土几乎全部出现剥蚀现象。

图 1.2　松多电站进水口前池溢流槽冲磨及冻融破坏

综上所述,解决水工建筑物过流面高速含沙水流冲磨和气蚀破坏的问题,除了水工设计方面的技术研究以外,采用性能优异的抗冲耐磨材料及修补防护材料至关重要。

1.2　抗冲耐磨材料的发展

水工混凝土建筑物中,对冲磨破坏的修复是建筑物加固工程中涉及面最广、修复频率最高的一项。我国进行抗冲耐磨材料的研究是从 20 世纪 60 年代开始的,主要是通过提高抗压强度来提高混凝土的抗冲耐磨性能,同时注意加强对过流面混凝土的防护和修补。多年来,通过对磨损破坏修复经验的不断总结,修复技术及新型抗冲耐磨材料的研究得到了很大发展。对于有冲刷磨损的水利水电工程,抗冲耐磨材料的发展可大致归纳为铸石板镶面材料、钢铁类金属材料、高强混凝土及砂浆类材料、聚合物类材料等,这些材料的使用效果与水流、泥沙特征及冲磨破坏严重程度等多种因素有关。现根据各类材料的发展历程,分别简要介绍几种主要材料的抗冲耐磨性能。

1.2.1　初期无机护面材料阶段

出于经济角度的考量和受到早年技术水平的制约,铸石板镶面材料和金属材料曾作为重要的水利水电工程抗冲耐磨材料使用。

1. 铸石板镶面材料

辉绿岩铸石、玄武岩铸石及硅锰渣铸石等各种铸石材料,均具有优异的抗磨损、抗腐蚀性能,在选矿、化学、冶金、机械等许多工业部门广泛应用。1967 年水利水电部门开始推广使用铸石材料,先后在三门峡工程、刘家峡水电站、碧口水电站及石棉水电站等许多工程上进行现场试验(廖碧娥,1993;庄正新,1992)。试验结果表明,铸石板镶面材料抵抗高速悬移质泥沙冲磨的能力和抗高速水流空蚀的能力在当时的材料中是较好的。

铸石板材料的缺点是性脆、抗冲击强度低,如遇水流中夹有粒径较大的石块,则极易被砸碎。同时,对铸石板材镶贴质量要求高,当粘贴不牢时,高速水流易进入地板空隙,在动水压力作用下,铸石板易被掀掉。上述试验工程,在试验初期铸石板被冲走之前,铸石的磨损量一般都极微小,但经过几个汛期的运行后,所贴铸石板几乎均被水流冲掉而失效。因此,铸石板材料的使用方法还有待进一步研究改进(王立军和周江余,2006)。

2. 金属材料

钢板具有强度高、韧性好的特点,抗冲击性能较好。钢板衬护是充分利用钢材拉、压、弯、剪各项力学性能好的特点,将其镶护在建筑物表面,但镶护必须密实、牢固,确保回填灌浆质量,否则易于冲失(如映秀湾水电站护面钢板曾被冲走约 1/3)。铸铁板的强度和韧性稍逊于钢板,具有较高的抗推移质冲磨性能,但施工工艺要求较高,易产生锈蚀(苏炜焕,2015)。

工程应用证明,在以抗推移质冲磨为主的建筑物上,钢材的作用是突出的,但钢材的价格较高,施工的质量要求也较严,一般用在工程的主要部位,并且是检修困难或极易破坏的部位。部分工程钢板的砸坏、撕裂、冲走,通常发生在焊接处或灌浆不密实处,所以施工时应把好质量关,焊缝焊接必须牢固,并且须和其他构件连接成整体。采用钢板耐磨材料需要较多的锚杆型钢等固定钢材,钢板与基层混凝土之间的空腔必须采用回填灌浆填实,施工技术难度相对较高。映秀湾水电站的抗磨钢板就曾发生过钢板被卷起冲走的事故,修复相当困难,因此应用钢板衬护混凝土要解决钢板与混凝土的结合问题。此外由于钢板价格昂贵,只能作局部衬护,由于其对振动敏感,高空蚀区不宜采用。易受疲劳而断裂是钢板护材的弱点。

三门峡工程的多年原型观测资料证明,钢铁材料抵抗悬移质泥沙冲磨的能力实际上是比较低的。在黄河水流及泥沙特征的条件下,当水流断面平均流速超过 10 m/s 时,钢铁等镶护材料即开始发生磨损。例如,泄流排沙钢管出口段,当最大平均流速达到 25.9 m/s 时,经过 1982 年 106 天的排沙运行后,普遍严重磨损,最大磨损深度达 20 mm 左右,钢板发生穿孔。又如,底孔工作门槽内的不锈钢轨道,轨道高度 30 mm,泄水时最大作用流速达 19.9 m/s,经过 219 天的泄水运行,被磨损成深 25 mm 的连续坑洞,几乎达到极限位置。这些资料都说明,钢板材等金属材料硬度较低,故不是抵抗冲刷磨损的理想材料(黄国兴和陈改新,1998)。

1.2.2　中期高性能混凝土阶段

20世纪80年代中期以来,各类抗冲耐磨混凝土在我国逐渐得到应用。我国许多水利水电科研单位与材料生产厂家,先后开展了水工泄水建筑物抗冲耐磨材料及工艺的研究和应用。虽然取得了一些较为明显的效果,也有应用于工程成功的经验,但还有待进一步深入研究,不断改进。高性能抗冲耐磨混凝土,主要以硅粉系列混凝土、纤维增强混凝土、高强耐磨粉煤灰(简称HF)混凝土、粉煤灰混凝土等为代表(李光伟,2011;葛雄毅 等,2009;邓明枫 等,2008;马少军 等,2004)。

1. 硅粉混凝土

硅粉的主要成分为无定形二氧化硅,掺量一般为水泥质量的6%～12%。硅粉在混凝土中主要起两种效应:①硅粉粒径比水泥颗粒小,在高效减水剂作用下硅粉充分分散到水泥颗粒中,使水泥石结构的密实性增加,随之带来一系列性能的改善,如强度的提高,抗渗、抗冻、抗冲耐磨性能均有增强。②火山灰效应,水泥水化产生的氢氧化钙与硅粉中的活性二氧化硅发生二次水化反应,最后主要生成的是以水化硅酸钙(简称C-S-H)为主的水化硅酸钙凝胶。凝胶填充在微隙中,使硅粉混凝土密实性大大提高,而且C-S-H凝胶的强度高于氢氧化钙晶体,从而提高了硅粉混凝土的强度、耐久性及抗冲耐磨性能。

水利水电工程中,硅粉混凝土作为高强度、高性能混凝土和抗冲耐磨混凝土,自20世纪70年代在国外开始得到应用,美国陆军工程师兵团水道试验站为柯查坝消力池进行修补时,进行了硅粉混凝土的抗冲耐磨试验,结果表明石灰岩骨料的硅粉混凝土抗冲耐磨性能最好。当其他条件相同时,外掺10%的硅粉,混凝土的抗冲耐磨性能可提高100%～250%;当内掺10%的硅粉时,可提高40%～100%。20世纪80年代,我国开始逐步将硅粉混凝土应用在葛洲坝二江泄水闸底板、龙羊峡水电站、李家峡水电站、二滩水电站等,小浪底工程也使用了掺硅粉的抗冲耐磨混凝土(王磊 等,2013)。

然而硅粉混凝土在使用中存在计量投料不方便、和易性差、施工难度大、抹面困难等问题,尤其是表面易产生裂缝,早期收缩量大,易于开裂。由于硅粉的比表面积非常大,颗粒表面湿润需要大量水分,使得新拌混凝土的大量自由水被硅粉粒子所约束,混凝土内部很难有多余的水分溢出,硅粉微粒堵塞了新拌混凝土的毛细孔,混凝土的黏聚性和保水性提高,但流动度大大降低,且流动度的降低幅度一般随着硅粉用量的增加而增大。有研究认为保持流动性不变,1 m³混凝土中每加入1 kg硅粉,需要增加1 kg用水量,而新拌混凝土的泌水量大大减少。硅粉混凝土早期水化反应加快,早期强度提高,弹性模量增大,而徐变和应力松弛减小。因此,硅粉混凝土发生塑性开裂(多在混凝土浇筑抹面后至混凝土终凝前)和出现早期(28天前)收缩裂缝的机会较普通混凝土大大增多,且随着硅粉掺量的增大而增大,而后期(60天以后)因硅粉混凝土孔隙细小、结构致密、水分迁移困难、体积变化趋势相对平缓,其收缩量与普通混凝土相近或减小。研究还表明,外掺硅粉不仅使混凝土表面出现裂缝的时间提前,而且裂缝贯穿整个混凝土表面所需的时间缩短,最终裂缝条数、裂缝总长度、开裂面积、最大开裂宽度增加。例如,当水分蒸发速度达 $0.5 \, kg/(m^2 \cdot h)$ 以上时,硅粉混凝土极有可能发生塑性开裂,而普通混凝土这一限值可达到 $1.0 \, kg/(m^2 \cdot h)$。有资料表明,掺有硅粉的混凝土,7 天龄期的干缩值为普通混凝土的两倍左右,且占全部干缩值的 30%～45%。飞来峡和黄河小浪底水利工程的施工表明,硅粉混凝土出现塑性开裂和早期干缩的概率比普通混凝土高得多(张建峰,2011)。因此在掺加硅粉时,一般要掺入一定量的高效减水剂,减小用水量,可有效减少裂缝出现的概率。

2. 纤维增强混凝土

在混凝土中掺入聚丙烯纤维能有效地提高混凝土抗冲耐磨的性能。根据挪威政府公路实验室的模拟抗磨损试验,加入纤维的混凝土,抗磨损能力提高 25%,并减少材料损耗 34.4%。美国陆军工程师兵团 CRD-C52-54 方法测试结果表明,纤维网混凝土提高抗磨力 105%,相同条件下加入纤维网混凝土寿命可延长一倍。聚丙烯纤维混凝土的其他性能还包括纤维混凝土抗冻融性能的提高,它能防止粗骨料在施工振动时的沉降,提高表面强度。此外,国外为缩短因老化损坏建筑物的修补时间而广泛采用快速硬化混凝土(硬化时间 1 h 以内),其水泥用量增加较多,使混凝土脆性加大,采用纤维混凝土能较好地弥补这一不足。加入含量为 6 kg 的聚丙烯纤维或尼龙长丝,混凝土的韧性指标均能满足美国材料与试验协会(American Society for Testing and Materials,ASTM)规范要求(张建峰,2011;白忠,2007;李北星 等,2003)。

20 世纪 80 年代后期纤维混凝土在我国逐渐得到推广。目前常用的是将钢纤维和硅粉联合掺用,组成的硅粉钢纤维混凝土。钢纤维均匀地掺入到混凝土中,其相互搭接、牵连在混凝土内,形成一个乱向支撑体系,阻碍混凝土内部裂缝的扩展、连通贯穿,牵制混凝土碎块从基体中的剥落。硅粉的掺入改善了混凝土本身的性质,使混凝土基体中钢纤维和骨料之间的界面结合力增强,混凝土的孔隙率下降,水泥石更加坚固密实,从而显著提高了混凝土的抗冲耐磨能力(张建峰,2011)。

但由于进口的纤维价格昂贵,限制了它的使用范围。目前国内已研制出改性聚丙烯纤维,其价格只相当于进口纤维价格的 1/3～1/2,而物理力学性能能够达到进口纤维性能指标。根据初步试验结果,在水灰比为 1:2.10 的水泥净浆中掺入改性聚丙烯纤维,经过风扇吹一昼夜,均未产生裂缝,而未掺纤维的净浆在成型后 2 h 即产生数条裂缝。这说明改性聚丙烯纤维能够抑制水泥早期的塑性龟裂(朱燕东,2012)。

三峡二期左岸导流明渠和左岸临时船闸、葛洲坝水利枢纽工程、映秀湾水电站、贵州乌江渡水电站、江西大港水电站、三门峡泄水排沙底孔等水利工程中均采用了钢纤维硅粉混凝土,而且都达到了设计要求,使用效果较好。聚丙烯纤维和硅粉抗磨蚀剂共掺是抗冲耐磨混凝土较好的搭配。

目前纤维增强混凝土在应用中还存在着一些问题:一是生产过程中纤维不易在混凝土中均匀分散,易缠绕成团,影响了混凝土的性能及和易性;二是具有较好增强效果的纤维(如钢纤维)价格较高,增加了混凝土的成本。

3. 粉煤灰混凝土

粉煤灰价格低廉,随着近年来对粉煤灰更深入的研究,出现了粉煤灰完全或部分代替硅粉的粉煤灰混凝土。1984 年,挪威首先在弗瑞瓦斯坝使用了掺粉煤灰与硅粉的混凝土,我国在 20 世纪 90 年代后期也逐渐应用(王洪镇和王洪航,2008;李晓红,2008;杨春光 等,2006)。

粉煤灰掺量一般为水泥质量的 15%～30%,主要起三种效应:①强度效应,粉煤灰中的活性成分如二氧化硅、三氧化二铝与水泥水化反应产物中的氢氧化钙发生二次水化反应,形成以水化硅酸钙和水化铝酸钙为主的水化产物,使其密实性和抗渗性得到增强。②形态效应,优质粉煤灰以表面光滑致密的球状颗粒为主,粒径多在几微米到几十微米,在混凝土拌和中起滚珠润滑作用,能改善混凝土拌和物的和易性。③微集料效应,尺寸小于水泥粒子的粉煤灰填充于水泥粒子之间,使混凝土更为密实。硅粉混凝土中掺入粉煤灰后混凝土的抗冲耐磨和抗压强度都有所降低,其抗冲耐磨性能的提高需将粉煤灰和性能良好的外加剂共掺。如 HF 混凝土就是在混凝土中掺入了 HF 复合型外加剂,研究表明其抗冲耐磨能力为普通 C30 混凝土的 1.4～1.8 倍。HF 混凝土在大河口水电站、黄河大峡水电站、甘肃古城水电站等水利工程都得到应用。岩滩水电站也用了掺微珠型粉煤灰的抗冲耐磨混凝土。

粉煤灰混凝土的主要缺点是早期抗压强度及抗冲耐磨强度都较低(张建峰,2011),在工程中选用粉煤灰混凝土时应予以综合考虑。

4. 铸石砂浆和铁钢砂混凝土

辉绿岩铸石的抗冲击韧性比天然岩石好,然而辉绿岩铸石板却易被大颗粒砂石砸碎,若将铸石材料加工成近于长方形的骨料,用它组成的铸石砂浆或混凝土则是一种良好的抗冲耐磨材料。铸石混凝土在三门峡排沙底孔、石棉电站冲沙闸护坦及葛洲坝二江泄水闸等现场试验中,均证明是一种性能优良的抗冲耐磨材料(张建峰,2011)。例如,铺筑在三门峡的铸石砂浆,经过 1984～1990 年 7 年共 1 万多小时的使用,过水量为 113×10^8 m^3,过沙量近 7×10^8 t,不但磨损甚微,而且表明平整,可以继续使用。再如,石棉水电站冲沙护坦上浇筑的铸石骨料混凝土,经过一个汛期推移质和悬移质的冲磨,平均磨损深度为 10.7 mm,而同配合比的当地骨料混凝土,平均磨损深度为 48.3 mm,为铸石骨料混凝土的 4.5 倍。

铁钢砂是由天然矿物经机械破碎而成,主要成分是三氧化二铁、二氧化硅、三氧化二铝,还有少量的二氧化钛、氧化钙、氧化镁等,其主要组成是赤铁矿晶体和石英晶体。铁钢砂在混凝土中主要是用来代替普通的砂石骨料,它的耐磨性能比天然河沙和人工砂都要好,它通过提高混凝土"骨架"的抗冲耐磨强度来提高混凝土的抗冲耐磨强度。铁钢砂抗冲耐磨高强混凝土在丹江口、葛洲坝、禹门口等一些大中型水利工程中得到了应用(王军和彭守军,2006)。铁钢砂混凝土在使用时必须注意严格控制骨料的最大粒径,否则容易出现空蚀破坏,同时由于铁钢砂表面粗糙、棱角多,比表面积大,只有采用高效减水剂才能提高水泥石的密实性,改善水泥石的孔结构,从而提高混凝土的抗冲耐磨性能。

1.2.3　近期有机抗冲耐磨材料阶段

近年来,水工建筑物一般在建设期对泄水建筑物如溢流面、消力池等部位采用抗冲耐磨混凝土设计,但在运行期这些水工建筑物泄洪消能区大多出现不同程度的冲磨破坏,需要对其局部进行修补或防护,常选用与基底混凝土间黏接力强、施工方便、便于二次维修的有机抗冲耐磨材料。

1. 环氧树脂基抗冲耐磨材料

环氧树脂是一类热固性树脂,其固化物具有优异的力学性能。实验室和工程实验结果表明,环氧砂浆既具有良好的抗磨蚀能力,又具有良好的抗冲击能力(张涛和徐尚治,2001),与混凝土黏接良好,耐水、耐化学侵蚀性能良好,固化收缩小。长江水利委员会长江科学院是较早把环氧树脂基材料用于水工泄水建筑物抗冲耐磨防护的单位之一,先后应用于葛洲坝、西藏自治区某水电站、沙沱水电站、构皮滩水电站等水利水电工程,效果良好。

科研人员一直致力于环氧树脂的改性研究,以提高环氧树脂基抗冲耐磨材料的工作性、耐久性和韧性。中国水利水电科学研究院结构材料研究所对新安江抗冲耐磨环氧砂浆抗冲耐磨材料进行跟踪研究,先后开发出潮湿-水下环氧材料、低温-潮湿-水下环氧材料、弹性环氧材料,并用于新安江环氧砂浆抗冲耐磨层的修补,取得了良好效果。他们通过在环氧树脂中加入增韧剂制备出“海岛结构”环氧树脂,使环氧树脂断裂韧性提高 9～20 倍,复杂环境适应性大幅度提高(王迎春 等,2009;买淑芳 等,2004)。中国水利水电第十一工程局有限公司(张涛 等,2010)开发出的 NE-II 型环氧砂浆,无毒、低温潮湿固化、施工性能优良、热膨胀系数接近混凝土、耐久性良好,在小浪底水利枢纽工程中使用面积超过 17 000 m²,效果良好。南京工业大学刘方在优选的环氧树脂中添加无机添加剂、紫外吸收剂和消泡剂制备的低收缩抗紫外老化环氧砂浆,经 4500 h 紫外加速老化后强度保持率达 93.9%(刘方,2012)。

环氧树脂基抗冲耐磨材料是常用的抗冲耐磨防护材料和抗冲耐磨混凝土修补材料,但是也存在使用过程中日光照射条件下加速老化、开裂剥落等问题,需进一步对环氧树脂进行改性和配方优化设计。

2. 聚脲弹性体

聚脲是由异氰酸酯组分和氨基化合物反应生成的一种弹性材料。聚脲弹性体是国外率先研发的一种新型的无溶剂、无污染的环保涂料。

　　喷涂聚脲弹性体是于 20 世纪 90 年代初美国德士古公司(Texaco)研制开发的新技术,这种技术绿色环保,而且不含有催化剂、溶剂、助剂及有机挥发物,且喷涂能一次成型。喷涂聚脲一般为芳香族,它的固化速度较快(5~30 s),喷涂施工快速(100~200 m²/h),同时具有优异的耐磨性、低温柔韧性和耐老化性能。当用专用喷涂设备时,不需要进行人工拌料,质量稳定、工效高。南京水利科学研究院对几种纯聚脲水工建筑物防护材料的抗冲耐磨能力进行了研究(Wang et al.,2014),结果表明聚脲弹性体抗冲耐磨强度是高性能混凝土的 5~50 倍,并且随着纯聚脲硬度的增加,其抗冲耐磨能力下降。长江水利委员会长江科学院用不同配比的异氰酸酯预聚体组分和脂肪族氨基组分制备了双组分底层和面层天门冬氨酸酯聚脲,试验表明底层天门冬氨酸酯聚脲与混凝土黏接性能优异,面层天门冬氨酸酯聚脲抗冲耐磨、抗渗和抗碳化性能优异,并将该材料成功应用于汤渡河水库除险加固工程中的溢流坝面保护(陈亮 等,2011)。他们还制备了脂肪族聚脲材料,在葛洲坝和三峡大坝船闸闸墙的现场试验中表现出优异的耐候性和抗冲耐磨性(冯菁 等,2012)。

　　新一代聚脲弹性体施工性能优异,既可以喷涂施工,也可以手刮施工(洪荣根,2014;孙志恒 等,2006)。但是,无论是手刮施工工艺还是喷涂施工工艺都需要复杂的基面处理和性能优良的界面剂。现在使用的界面剂大多是环氧树脂基界面剂,中国水电顾问集团西北勘测设计研究院工程科研实验分院通过对环氧树脂改性,制备出一种界面剂,在不同界面情况下获得较好的黏接效果(韩练练,2009)。近年来,随着聚脲材料的开发,单组分聚脲也有一些单位进行研发和应用。另外,聚脲弹性体材料成本较高,喷涂聚脲弹性体技术专用喷涂设备价格昂贵,同时由于其与混凝土界面黏接力不够强,限制了聚脲弹性体在水利工程中的推广应用,其在水工上的应用也有失败案例。

1.2.4　抗冲耐磨材料研究的发展方向

　　高性能抗冲耐磨混凝土是今后抗冲耐磨混凝土的研究重点之一,是水利水电工程泄水建筑物冲磨破坏难题得以解决的重要突破口。应充分发挥混凝土骨料的高抗冲耐磨能力,提高混凝土整体的抗冲耐磨能力,避免或减少由抗冲耐磨混凝土磨蚀诱发的二次水力冲磨破坏。改进高性能抗冲耐磨混凝土的设计和施工工艺,保证按施工现场的设计要求完成施工,提高抗冲耐磨混凝土的耐久性,延长抗冲耐磨混凝土的服役时间(潘江庆,2002)。

　　有机抗冲耐磨材料是性能优质的抗冲耐磨材料之一,是对水工建筑物冲磨破坏部位进行防护和修补的重要材料,其抗冲耐磨性能一般优于混凝土抗冲耐磨材料,今后的研究重点是提高材料在恶劣环境中的耐久性和降低应用成本。一旦水工建筑物建成并投入使用,便无法从水力学方面对其进行结构优化以提高泄水建筑物的抗冲耐磨能力,而大规模的抗冲耐磨混凝土浇筑或重建也几无可能。因此,水工建筑物运行期的修补防护多依赖于有机薄层修补与防护材料,其材料性能和综合抗冲耐磨性能的发挥将决定着后期维护频率和运行成本,对水利工程的安全至关重要。现将水工混凝土常用抗冲耐磨修补材料的技术特点、适用范围及工艺列入表 1.2。

表 1.2 水工混凝土抗冲耐磨材料

抗冲耐磨材料	技术特点	适用范围	工艺
预缩砂浆	采用普通砂料和硬质石英砂料,干缩较小,新老材料结合耐久性好,均匀磨损,经济	以磨损为主,悬移质含量较大的、修补面积较大的工程	砂浆拌和后,控制预缩时间为 30 min 左右
铸石砂浆和混凝土	采用铸石砂或铸石骨料增加混凝土整体的抗磨强度,新老材料结合耐久性较好,均匀磨损	以磨损为主,悬移质含量较大的、修补面较大的工程	常规施工
硅粉高强砂浆和混凝土	掺用硅粉 10% 左右,强度 60~80 MPa,抗磨强度大,新老材料结合耐久性较好,均匀磨损,较经济	以磨损为主,悬移质含量较大的、修补面较大的工程	常规施工
铁钢砂骨料硅粉高强砂浆和混凝土	以硬质高强的矿石为骨料,掺用硅粉 10% 左右,强度 60~100 MPa,整体抗磨能力好,新老材料结合耐久性较好	悬移质、推移质含量大,抗冲耐磨要求高的各类工程	常规施工
钢纤维高强砂浆和混凝土	在高强砂浆和混凝土的基础上掺用钢纤维 4% 左右(混凝土质量),提高材料的抗冲击韧性	推移质含量大、冲击破坏力强的修补工程	常规施工
普通环氧砂浆	采用普通胺类固化剂,抗压强度和黏接强度高,抗冲耐磨性能好,新老材料黏接耐久性较差,价格高	抗冲耐磨要求较高的局部修补	黏接面处理要求高,干燥、常温、小规模施工
潮湿或水下环氧砂浆	掺用特种固化剂,能在潮湿面和水下固化黏接,新老材料结合耐久性较差,价格高	抗冲耐磨要求高,无法干燥施工的局部修补	黏接面处理要求高,水下施工时,工艺较复杂
低温环氧砂浆	特种固化剂,能低温(0 ℃以上)固化黏接,其他特征同上	抗冲耐磨要求较高,低温要求的局部修补	工艺要求同普通环氧砂浆
低毒或无毒环氧砂浆	低毒或无毒固化剂,性能与普通环氧砂浆相似	空气流通不畅,环境要求较高的局部修补	工艺要求同普通环氧砂浆
聚氨酯砂浆	有较高的抗冲耐磨性能,新老材料结合强度较高,但结合耐久性较差	抗冲耐磨要求较高的局部修补	黏接面要求较高,干燥施工
不饱和聚酯砂浆	抗冲耐磨性较好,但低于环氧砂浆,价格较低,结合面耐久性较差	抗冲耐磨要求较高的局部修补	黏接面要求较高,干燥施工

抗冲耐磨材料	技术特点	适用范围	工艺
氯偏胶乳砂浆	掺用$10\%\sim15\%$的氯偏乳液,提高新老材料的黏接性和变形能力,黏接耐久性较好	中等耐磨要求的修补	与普通水泥砂浆相同
丙烯酸酯乳液砂浆(简称丙乳砂浆)	掺用10%左右的丙烯酸共聚液,提高水泥砂浆的黏接力和变形能力,黏接耐久性较好	中等耐磨要求的修补	与普通水泥砂浆相同
丁苯乳胶砂浆	掺用$10\%\sim15\%$的丁苯共聚乳液,其他特点类似丙乳砂浆	中等耐磨要求的修补	与普通水泥砂浆相同
水下不分散混凝土	在水中水泥基本不流失,可自流平、自密实,水下施工	中等耐磨要求的、必须水下施工的修补,尤其是水下钢筋混凝土的施工	水深大于$1\,\mathrm{m}$时,需导管施工,导管口离浇筑面距离不宜超过$0.5\,\mathrm{m}$

增韧改性是提高环氧树脂在温度反复变化环境中耐久性的重要手段。目前,环氧树脂的增韧研究已取得了一些研究成果,但其韧性和适应变形的能力还不能完全满足工程要求,且大多对固化过程有严格要求,也不适用于施工现场复杂的环境。因此,还需要进行更多、更深入的研究。光氧老化严重影响有机材料的力学性能和耐久性,有机抗冲耐磨材料的抗光氧老化性能尤为重要(齐邦峰 等,2002)。从分子结构和光稳定剂两方面对环氧树脂和聚脲进行耐紫外老化改性有重大意义。聚脲弹性体具有较好的韧性、较大的断裂伸长率,材料本身具有一定的抗冲耐磨性能,其综合性能的发挥需要从材料本身、成本经济性和施工工艺等方面着手。有机薄层抗冲耐磨修补防护材料研究应朝着高效、经济、施工简单的方向发展,开发更多品种的有机材料,加强配方设计和材料改性研究,注重现场工程试验应用。

1.3　抗冲耐磨材料的分类

冲磨破坏是水工建筑物常见的破坏形式,会造成众多经济损失,缩短水工建筑物的使用寿命,对过流面进行抗冲耐磨防护是常用的保护方式(支拴喜,2011;杨春光,2006;蒋硕忠和薛希亮,1997)。目前,国内外对水工建筑物高速过流区抗冲耐磨材料和相关技术的研究和应用十分活跃,研究主要集中在以下几类:一是新型抗冲耐磨混凝土,通过骨料选择、配合比及外加剂的优化提高混凝土的抗冲耐磨性能(王东 等,2012;卢安琪 等,2010;林宝玉,1998);二是有机高分子类涂层,如环氧砂浆、丙乳砂浆、不饱和树脂砂浆及有机弹性体聚脲涂层。按照材料属性,水工抗冲耐磨材料分为无机抗冲耐磨材料和有机抗冲耐磨材料两大类,下面分别对两类常用的抗冲耐磨防护材料进行简单介绍。

1.3.1　无机抗冲耐磨材料

无机抗冲耐磨材料是使用最早和应用最广泛的抗冲耐磨材料。相对于其他抗冲耐磨材料，混凝土抗冲耐磨材料价格低，施工简便，且与基层混凝土相容性好。几种常见的无机抗冲耐磨材料的特性、应用和缺点如表1.3所示（张振忠 等，2016）。

表 1.3　几种无机抗冲耐磨材料的特性、应用和缺点

材料名称	材料特性与应用	材料缺点
特种骨料抗冲耐磨混凝土	以铁矿石等特种抗冲耐磨骨料代替普通骨料，抗耐磨强度较好；应用于丹江口、葛洲坝、禹门口工程中，效果良好	骨料密度大，易离析，振捣过程中骨料易下沉，不能充分发挥骨料的抗冲耐磨能力；自收缩较大；骨料受产地限制，长距离运输代价大
硅粉混凝土	在混凝土中掺入高活性的硅粉，早强、高强，抗冲耐磨性能较好；是目前应用最广泛的抗冲耐磨混凝土	新拌混凝土几乎不泌水，有时制面困难；干缩和自收缩较大，早期放热集中，容易出现干缩裂缝和温度裂缝
纤维混凝土	掺入增强纤维，提高混凝土抗裂性能和抗气蚀能力；应用于葛洲坝水利枢纽工程、映秀湾水电站、乌江渡水电站等工程，使用效果较好	纤维在拌和过程中不易分散均匀，影响混凝土的和易性，影响纤维发挥作用；增强效果较好的纤维价格较高
HF混凝土	混凝土中掺入粉煤灰和HF添加剂，早强、高强，发热不集中，工作性能和整体抗冲耐磨性能较好；应用于四川大渡河、嘉陵江、青衣江等多个梯级开发工程，效果良好	HF混凝土对混凝土各组分质量和配比要求严格，需要严格的现场拌和与施工控制
高性能抗冲耐磨混凝土	低水胶比，选用优质原材料，掺加足够数量的掺合料（矿物细掺料）和高效外加剂，抗冲耐磨性能较好，耐久性好，工作性能优异；三峡、飞来峡、漫湾、二滩等工程中均有用到高性能抗冲耐磨混凝土	高性能混凝土组分复杂，配合比试验复杂，需要严格的现场拌和与施工控制
钢板	抗气蚀和冲击性能好，抗磨蚀性能较差；适用于流速高、推移质含量高、冲击破坏严重的情况，溪洛渡水电站泄水深孔抗冲耐磨防护采用不锈钢复合钢板	与混凝土基材热膨胀系数差异大，与混凝土基材黏接不好
铸石板、条石板	抗磨蚀性能都很好，韧性差，抗冲击能力有限；适用于悬移质含量高、磨蚀破坏严重的情况	过流面流线差，与混凝土基材黏接不好

不锈钢板、铸石板因自身的限制已经较少用于新建水工泄水建筑物的抗冲耐磨防护。而特种骨料抗冲耐磨混凝土、纤维混凝土、硅粉混凝土、HF 混凝土等抗冲耐磨混凝土成功解决了一些水工泄水建筑物冲磨破坏问题,有望通过不断改进,得到具有高抗冲耐磨性、高施工性、低收缩、高抗裂、高耐久性的高性能抗冲耐磨混凝土(白忠,2007;陈改新,2006;林毓梅,1990)。多元胶凝粉体新型抗冲耐磨混凝土是高性能抗冲耐磨混凝土新发展,其核心是紧密堆积效应和复合胶凝效应(陈改新 等,2004)。高性能抗冲耐磨混凝土在工程中已经得到一些应用,但是在设计和施工、质量控制方面还需要进一步研究。

1.3.2　有机抗冲耐磨材料

目前的水工建筑物多在建设期对泄水建筑物如溢流面、消力池等部位采用了抗冲耐磨混凝土设计,而在运行期抗冲耐磨混凝土等无机抗冲耐磨材料遭到破坏,需要对其局部进行修补或防护时,则常选用黏接力强、施工方便的有机抗冲耐磨材料。几种常见的有机抗冲耐磨材料的特性、应用和缺点如表 1.4 所示(张振忠 等,2016)。

表 1.4　几种有机抗冲耐磨材料的特性、应用和缺点

材料名称	材料特性与应用	材料缺点
环氧树脂基抗冲耐磨材料	抗磨蚀性能很好,抗气蚀性能较好,抗渗、耐腐蚀性能好;用于高速过流面抗冲耐磨防护和修补,如用于新安江水电站、葛洲坝水利水电工程、西藏自治区某水电站等工程的抗冲耐磨防护	热膨胀系数与混凝土差异较大,材料韧性较差
聚氨酯、聚脲弹性体	抗磨蚀性能和抗气蚀性能均好,弹性、抗渗、耐腐蚀等性能比较好;可用于高速过流面抗冲耐磨防护和修补,如用于尼尔基水利水电工程、白莲水库等工程	与基材黏接性能较差,材料价格较高,喷涂弹性体设备昂贵
丙烯酸共聚乳液(简称丙乳)砂浆	烯酸酯乳液改性的水泥砂浆,抗冲耐磨、抗裂、抗渗、抗冻、黏接等性能均比普通水泥砂浆好;通常用于混凝土防护与缺陷修补,如用于峡口水库、南干渠工程和清风岭水库溢洪道等工程的修复与防护	相比于环氧树脂类抗冲耐磨材料,抗冲耐磨性能、黏接力、耐水性较差

有机抗冲耐磨护面材料因施工方便、成本低、效果好、后期维修容易且维修成本低,得到了迅速的发展,目前已成为水工泄水建筑物抗冲耐磨护面的首选材料。有机抗冲耐磨护面材料包括高分子材料和有机无机复合材料,按照材料成分的不同,有机抗冲耐磨护面材料可以简单地分为聚合物砂浆、聚合物改性混凝土、喷涂弹性体、抗冲耐磨涂料四部分(徐雪峰 等,2012)。

1. 聚合物砂浆

聚合物砂浆是由聚合物与水泥砂浆相互改性而制成的特种砂浆,聚合物和水泥共同组成胶结料。与普通水泥砂浆相比,聚合物砂浆具有更好的密实性、防水性、抗渗性、黏接性等性能。聚合物改性水泥砂浆的作用机理较复杂,主要有以下几方面的作用:①聚合物在水泥砂浆表面成膜,填充了水泥砂浆中的空隙,提高了砂浆的密实性;②聚合物中的活性官能团如羟基、羧基、不饱和双键与水泥基中的基团发生化学反应,提高了聚合物砂浆与混凝土基材之间的黏接强度;③当聚合物砂浆遭受外力作用时,聚合物内部产生微裂纹,吸收外界应力,提高了抗冲耐磨、抗剪性能。用于聚合物砂浆的聚合物主要有树脂和乳液两大类。树脂包括环氧树脂、不饱和聚酯树脂、聚氨酯树脂、丙烯酸树脂等;乳液包括丙烯酸酯乳液、氯丁胶乳、丁苯胶乳、聚乙酸乙烯酯乳液等。用于水利工程抗冲耐磨保护的砂浆主要是环氧砂浆和丙乳砂浆。

1) 环氧砂浆

环氧砂浆通常由环氧树脂、固化剂、增韧剂、稀释剂及填料组成。环氧砂浆的优点是强度高、与混凝土的黏接力大、耐磨性能好,环氧砂浆抗气蚀性能相比 C40 混凝土提高了 6~8 倍(张涛和除尚治,2001)。缺点是黏度大,不易施工,最重要的是环氧砂浆与混凝土的线性热膨胀系数不一致,而环氧树脂本身又是脆性材料,难于满足温度变化时应力的改变,导致环氧砂浆护面材料的开裂、空鼓、脱落。由此看来,单纯提高环氧砂浆的耐磨性能,而不改善其抗开裂性能,环氧砂浆抗冲耐磨护面的综合效果难以有很大的提高。研究人员主要通过改善环氧砂浆的韧性或弹性来提高其抗开裂性能,方法有多种,如改善固化体系、使用新型增韧材料、用弹性树脂改性环氧树脂等。中国水利水电科学研究院在普通环氧砂浆中加入 ZRJ 增韧剂(买淑芳 等,2005),制成海岛结构环氧砂浆,断裂韧性提高 9~20 倍,抗高速含沙水流冲磨强度提高 46%。张涛开发出了活性稀释增韧剂(张涛,2007),并对固化体系进行了改性,研制的 NE-II 型环氧砂浆的抗冲耐磨强度达到 7.0 h/(kg/m^2),该产品在小浪底进水塔、紫坪铺导流洞、三峡工程部分泄洪坝段得到应用。

环氧砂浆的发展方向:①降低线性热膨胀系数,提高抵抗因与混凝土线性热膨胀系数不同而导致开裂的能力;②改善施工性能,开发新型环氧树脂,在不降低力学性能的前提下降低环氧砂浆的黏度;③提高环保性,采用水性环氧树脂,将废橡胶、塑料作为耐磨填料;④环氧砂浆功能化,利用高分子合成技术,在环氧树脂上接枝功能性官能团,以获得某些特殊性能,如接入硅硅键以提高耐老化性能。

2) 丙乳砂浆

丙乳是丙烯酸共聚乳液的简称,是一种高分子聚合物的水分散体,是一种水泥改性剂。南京水利科学研究院是国内较早开发出应用产品的单位之一,将其加入水泥砂浆中成为聚合物水泥砂浆,属于高分子聚合物乳液改性水泥砂浆,适用于水利、公路、工业及民用建筑等钢筋混凝土结构的防渗、防腐护面和修补工程。

丙乳的聚合物膜弹性模量较小,它使水泥浆体内部的应力状态得到改善,可以承受变形使水泥石应力减小,从而产生裂缝的可能性也减小;同时,聚合物纤维越过微裂缝,起到桥梁作用,缝间都有聚合物纤维相连形成均质的聚合物框架,框架作为填充物跨过已硬化的微裂缝,限制微裂缝的扩展,微裂缝常在聚合物膜较多处消失,显示出聚合物的抗裂作用;另外,聚合物有减水作用,它使砂浆的水灰比减小,聚合物膜填充了水泥浆体的孔隙,切断了孔隙与外界的通道,起到密封的作用。

与普通砂浆相比,丙乳砂浆的极限拉伸率是普通砂浆的 1～3 倍,抗拉强度提高 1.35～1.5 倍,抗拉弹性模量降低,收缩小,抗裂性显著提高,与混凝土面、老砂浆及钢板黏接强度提高 4 倍以上,两天吸水率降低至 10%,抗渗性提高 1.5 倍,抗氯离子渗透能力提高 8 倍以上等,使用寿命两者基本相同,且具有基本无毒、施工方便、成本低及密封作用好等特点,能够达到防止老混凝土进一步碳化、延缓钢筋腐蚀速度、抵抗剥蚀破坏的目的。代表性丙乳砂浆与普通砂浆性能指标见表 1.5。

表 1.5　丙乳砂浆与普通砂浆性能指标比较

性能指标	普通砂浆	丙乳砂浆
抗压强度/MPa	50	44.2
抗拉强度/MPa	5.5	7.6
抗折强度/MPa	10.7	16.9
极限拉伸率/10^{-6}	228	558～900
抗拉弹性模量/10^4 MPa	2.6	1.65
收缩变形/10^{-6}	1271	536
与老砂浆黏接强度/MPa	1.4	8.0
与钢板黏接强度/MPa	0	0.9～1.6
渗水高度/mm	90	35
磨耗百分率/%	5.38	3.97
快速碳化深度/mm	3.6	0.8
盐水浸后氯离子渗透深度/mm	>20	1.0
碳化强度损失	13	14
两天吸水率/%	12	0.8
抗冻性	—	>300

注:实验试件的灰砂比均为 1∶1,水灰比相同,丙乳砂浆的丙乳掺入量为水泥质量的 30%

水工混凝土裂缝和表面剥蚀、水质侵蚀、冲磨、空蚀、钢筋锈蚀等的修补加固可采用水泥基和树脂基修补材料。树脂基修补材料常用的主要是环氧砂浆,它虽具有强度高且强度增长快,能抵抗多种化学物质侵蚀的优点,但是它仍有材料力学性能与基底混凝土不一致(如热膨胀系数大于基底混凝土而开裂脱落)、不适合潮湿面黏接、不耐大气老化等缺点,且它的成本高,对施工环境要求高,用来修复水利混凝土建筑物不太理想。水泥基修补材料有普通水泥砂浆和聚合物水泥砂浆,普通水泥砂浆在与老混凝土表面黏接、本身抗裂和密封等性能方面不如聚合物(如丙乳)水泥砂浆。丙乳砂浆与传统环氧砂浆相比,不仅成本低,而且施工与普通水泥砂浆相似,可人工涂抹,施工工艺简单,易操作和控制施工质量,并适合潮湿面黏接,与基础混凝土温度适应性好,使用寿命同普通水泥砂浆,克服了环氧砂浆常因热膨胀系数大于基底混凝土而开裂、鼓包与脱落等缺点。

丙乳砂浆的技术已非常成熟,在水工结构上的应用已被各方所认可,丙乳砂浆在三峡工程坝段进水口、潘家口水库溢流面、泄洪隧洞等工程中已成功应用。与环氧砂浆相比,丙乳砂浆施工方便,成本较低,无毒无污染,但耐磨性通常略低于环氧树脂。

目前研究人员将工作的重点放在对丙乳的改性上,如在合成时引入苯乙烯类单体,可以明显降低成本,提高耐水性和机械强度;引入有机硅单体,则可以提高乳液的耐候、耐老化性能。清华大学孔祥明和李启宏利用环境扫描电子显微镜研究了苯丙乳液与水泥水化产物之间的作用(孔祥明和李启宏,2009),该研究表明乳液聚合物粒子在水泥颗粒表面迅速被吸附,砂浆的力学性能得到显著提高。Wong 等用苯丙乳改性砂浆后,其韧性和耐磨性均有提高(Wong et al.,2003)。北京科技大学陈忠奎等采用后交联技术,在滴加有机硅单体前调节反应体系的 pH,控制有机硅氧烷的水解,合成出硅含量高达 30%的自交联硅丙乳液(陈忠奎 等,2004)。对该乳液进行交联度测定、红外光谱和粒径分析,证实了交联反应的发生。性能测试表明,提高硅含量极大地增强了聚合物的稳定性、耐水性、耐溶剂性和热稳定性。

虽然苯丙乳液砂浆的成本明显低于纯丙乳液砂浆,但由于苯丙乳液中引入了刚性苯环,影响了分子链的柔韧性和伸展性。而硅丙乳液虽然提高了耐水、耐候性能,但耐磨性能没有得到进一步优化,而成本要高于纯丙乳液。所以尽管苯丙乳液和硅丙乳液在工业建筑涂料等领域已得到广泛应用,但目前用于水工混凝土建筑物抗冲耐磨护面的材料仍然以纯丙乳液为主。

2. 聚合物改性混凝土

聚合物改性混凝土是以普通混凝土为基础,加入某些聚合物,相互融合形成的新型混凝土,相对于初始状态的混凝土来说,新型混凝土拥有更加高效的抗冲耐磨性质。混凝土中由于聚合物的掺入,水分减失率增大,这就使新型混凝土的干缩变小。此外,新型混凝土具有较好的抗拉效果,且延伸性能、弹力性能都有较好的体现,所以在抗收缩裂缝方面表现出了一定的优势。

3. 喷涂弹性体

喷涂聚脲弹性体技术是近 10 年来,继高固体分涂料、水性涂料、光固化涂料、粉末涂料等低(无)污染涂装技术之后,为适应环保需求而研制开发的一种新型无溶剂、无污染的环保施工技术。喷涂弹性体包括聚氨酯弹性体、聚氨酯(脲)、聚脲。聚氨酯弹性体由异氰酸酯组分、端羟基树脂、扩链剂、催化剂组成;聚氨酯(脲)由异氰酸酯组分、端羟基树脂、端氨基树脂、扩链剂、催化剂组成;聚脲由异氰酸酯组分、端氨基树脂、扩链剂组成。聚脲是在聚氨酯弹性体的基础上发展起来的,改进了聚氨酯中异氰酸酯易与空气中水分起反应而发泡的缺点。

1995年,海洋化工研究院黄微波等在国内率先开展喷涂聚脲弹性体技术的研究与开发,此后多家单位开展此项研究,并应用于水利工程的抗冲耐磨保护(黄微波 等,2004)。2004年,喷涂聚脲弹性体技术首次在尼尔基水利枢纽侧墙混凝土抗冲耐磨保护中得到应用,这是该项技术在水利工程中的首次应用。此后新安江大坝溢流面、怀柔水库西溢洪道、曹娥江大闸闸底板(孙红尧 等,2007)、黄河龙口水利枢纽底孔等水利工程都采用喷涂弹性体进行抗冲耐磨保护。

喷涂聚脲弹性体的优点:施工效率高,可在任意形状工作面上施工;施工条件要求低,对温度湿度无特殊要求;100%固体含量,对环境影响小;具有较好的抗冲耐磨和防腐性能。缺点:与混凝土基材的黏接强度不够理想,特别是对于潮湿混凝土表面;对喷涂设备要求高;成本太高,聚脲弹性体的材料成本是聚合物砂浆材料成本的2倍以上。

目前的研究重点是提高聚脲弹性体与混凝土基材的黏接强度并降低成本。主要通过研发性能优异的界面剂来提高黏接强度,目前研发的界面剂大多属于环氧树脂类或改性环氧树脂类(韩练练,2009;吴怀国,2005a),仍利用环氧树脂黏接力高的特性。通过改善聚氨酯(脲)的性能来降低使用聚脲的成本。

4. 抗冲耐磨涂料

水利工程上使用的抗冲耐磨涂料主要由成膜树脂、溶剂或活性溶剂、耐磨填料、固化剂及助剂组成。成膜树脂有环氧树脂、丙烯酸树脂、聚氨酯树脂、有机硅树脂、不饱和聚酯树脂及由几种树脂相互改性而形成的树脂。耐磨填料有金刚砂、石英砂、刚玉、玻璃鳞片和陶瓷等硬度高的材料。由于环氧树脂具有与混凝土或金属的黏接力大,较好的耐水、耐酸、耐碱性能,来源丰富,成本相对较低,与其他树脂改性容易等显著优点,环氧树脂及改性环氧树脂是耐磨涂料中应用最多的成膜树脂。新疆维吾尔自治区乌鲁瓦提水利枢纽冲沙洞、发电洞、泄洪洞于1999年采用由南京水利科学研究院研制的FS型抗冲耐磨涂料进行抗冲耐磨保护,施工面积达10 000多平方米。该材料将呋喃树脂改性的环氧树脂作为成膜树脂,以金刚砂为耐磨填料,经10年的运行,受保护混凝土表面完好(徐雪峰 等,2003b)。杨军等(2006)以2,4-甲苯二异氰酸酯和蓖麻油为原料,合成了聚酚酯预聚体,使用该聚酚酯预聚体对环氧树脂进行改性,合成了聚氨酯改性环氧树脂耐磨涂料。

第 2 章

水工抗冲耐磨原理

21 世纪以来,随着西部大开发发展战略,特别是"西电东送"工程的实施,我国已兴建和正在修建一批大型高水头水利水电工程,如小湾、龙滩、拉西瓦、构皮滩、溪洛渡、向家坝、锦屏、糯扎渡、白鹤滩、乌东德、双江口等,其泄水建筑物流速高达 40～50 m/s,对抗冲耐磨材料的综合性能提出了更高的要求。针对各类水工建筑物的特点和含沙石水流冲磨破坏机理及影响冲磨作用的因素,结合当前抗冲耐磨材料在工程应用中存在的问题和兴建大型高水头电站对抗冲耐磨材料的需求,采用全新技术思路,开发新一代高性能抗冲耐磨材料,对满足当前及今后兴建高坝水库对高性能抗冲耐磨材料的需求具有重大的意义。因此,本章主要基于水工建筑物的特点,介绍了水工建筑物的冲磨破坏原理,提出了抗冲耐磨材料的设计要求。

2.1 水工建筑物

2.1.1 水工建筑物的分类

水利水电工程中常采用单个或若干个不同作用、不同类型的建筑物来调控水流,以满足不同部门对水资源的需求。水工建筑物的种类繁多,形式各异,按其在水利工程中所起的作用可以分为以下几种类型。

1. 挡水建筑物

挡水建筑物是用于拦挡水流,形成水库或壅高水位、调蓄水量的各种水工建筑物,如各种材料和类型的坝、水闸和堤防等。

2. 泄水建筑物

泄水建筑物是用以宣泄水库或河渠的多余水量,排放泥沙和冰凌,或为人防、检修而放空水库等,以确保工程安全的各种水工建筑物,如各种溢洪道、泄洪隧洞、涵管和泄水闸等。

3. 输水建筑物

为满足灌溉、发电和供水的需要,用以从上游向下游输水用的建筑物称为输水建筑物,如引水隧洞、引水涵管、渠道、渡槽、倒虹吸、管道等。

4. 取(进)水建筑物

用以从水库或河流引水、提水的各种水工建筑物称为取(进)水建筑物,它是输水建筑物的首部建筑,如进水闸、抽水站、各类深式取水口、扬水站等。

5. 整治建筑物

用以改善河流的水流条件,调整水流对河床及河岸的作用,以及为防止水库、湖泊中波浪、水流对岸坡的冲刷而修建的各种水工建筑物称为整治建筑物,如丁坝、顺坝、导流堤、护底和护岸等。

6. 专门建筑物

为灌溉、发电、过坝需求而兴建的水工建筑物称为专门建筑物,如用于供水、输水、排水的专用建筑物、抽水站,用于水力发电的厂房、调压井(塔),用于航运的船闸、升船机,用于漂木、过鱼的筏道、鱼道,施工用的导流围堰,泥沙处理用的沉沙池,进行环境处理的净化池,专用给水、排水建筑物等。

7. 其他分类方法

需要指出的是,有些水工建筑物的功能并非单一,难以严格区分其类型,如溢流坝既是挡水建筑物,又是泄水建筑物,水闸既可挡水,又可用于泄水,还可作为灌溉渠首或供水工程的取水建筑物等。

按照水工建筑物在工程中的使用期限分类,可分为永久性建筑物和临时性建筑物。永久性建筑物是指运行期间长期使用的建筑物,根据其重要性又分为主要建筑物和次要建筑物。主要建筑物是工程的主体建筑物,其失事将造成灾害或严重影响工程效益,如挡水坝(闸)、泄洪建筑物、取水建筑物及电站厂房等;次要建筑物是指其失事后不造成灾害或对工程效益影响不大、易于修补的附属建筑物,如挡土墙、分流墩及护岸等。临时性建筑物是指工程施工期间使用的建筑物,如施工围堰、导流建筑物、临时房屋等。

2.1.2　水工建筑物的特点

以往多数水利水电工程的特点是工程量大,投资多,工作条件和施工条件复杂,影响面大。水利水电工程建成后可以为受益地区带来巨大的经济利益,同时也会对非受益地区的生态和社会产生不利的影响。一旦工程失事,还会给工程下游人民造成很大的灾害。因此设计水工建筑物时需要考虑的问题较一般土木工程建筑物要多。水工建筑物主要有以下特点:

(1) 受自然条件制约多,地形、地质、水文、气象等对工程选址、建筑物选型、施工、枢纽布置和工程投资影响很大。水工建筑物的形式、构造和尺寸与建筑物所在地的地形、地质、水文等条件密切相关,地质条件对建筑物形式、尺寸和造价的影响重大。水工建筑物的地基对水工建筑物的可靠性有特别重要的意义,加上自然条件千差万别,因而水工建筑物具有较大的独特性,通常是一个建筑物一种形式和尺寸,除了特别小的建筑物,一般不能采用定型设计。此外,必须考虑地层活动和断裂可能引起的地震现象,这些会使已有的建筑物变得不安全,甚至招致失事。由上述可见,水工建筑物在具有各种不同作用的水体介质和复杂的地质环境中工作,在设计与施工中,如果对以上各种情况考虑不周,将会招致建筑物的失事,甚至造成灾难。其后果是很严重的,常常关系到人的生命安全。

(2) 工作条件复杂。例如,挡水建筑物要承受相当大的水压力,由渗流产生的渗透压力对建筑物的强度和稳定不利;泄水建筑物泄水时,对河床和岸坡具有强烈的冲刷作用等。壅水建筑物将河水拦蓄,输水建筑物使水流按人的意愿从甲地流向乙地,这是水流受到水工建筑物作用的结果。与此同时,水工建筑物及其周围介质(如地基、河岸)也受到水流的反作用。水的力学作用表现为对建筑物表面产生静压力及动压力。由于上、下游水位差的存在，挡水建筑物要承担相当大的静水压力。静水压力的水平分力有特别重要的意义，因为它能使建筑物滑动或倾覆。动水压力发生在液体流动的部位，一般和水流流速的平方成正比例，其中包括水库表面有风浪时产生的动水压力（浪压力）、在地震情况下出现的地震动水压力。由于泄水建筑物下泄的水流能量大，而且集中，对下游河床及岸坡有很大的冲淘作用。对于高水头泄水建筑物，还需处理好高速水流带来的一系列问题，如空蚀、气蚀、脉动和振动，以及含沙水流对过水表面的磨损等。水不仅作为液体时会产生压力，作为固体时也会产生压力，如在中、高温度地区水库中产生的冰盖。冰压力可分为静压力（当冰温升高而有不能自由扩展时）和动压力［当冰块和冰场流动时（流冰期）］。用当地材料（土、沙砾等）填筑的壅水堤、坝的坝（堤）体和建筑物的地基及两岸，均属于多孔介质，在长期承受各种荷载、变形和气候作用的环境下，上下游水位差使得外界的有害离子通过这些孔隙进入材料内部，微结构逐步变化，表面及内部产生微裂纹。由于裂纹的扩张，材料渗透性增加，使得更多的水和有害介质渗入材料内，引起水工建筑物进一步的劣化、开裂，会产生一系列对水工建筑物不利的作用。拦蓄水的渗漏，使可有效利用的水资源受到损失；渗透水还会对建筑物的底板产生压力，这种压力的作用如同减轻建筑物重量一样会降低建筑物抗水平滑动的能力；渗透水会在岩基中引起化学反应，并将其溶解的盐类带到下游去，因而地基逐渐减弱。在非黏性土壤中（砂及其他），渗透水流能将细微的土壤颗粒带走，然后带到下游，这也将削弱地基。它发展下去可能会导致地基的破坏和建筑物的失事。

（3）施工难度大。在江河中兴建水利工程，需要妥善解决施工导流、截流和施工期度汛问题。此外，复杂地基的处理及地下工程、水下工程等的施工技术都较复杂。在河流上修建水利枢纽，施工的关键问题之一是导流，要求施工期间既要保证建筑物能在干地施工，又要使原河流顺利下泄并安全度汛。施工期还要保证航运和竹、木浮运等不中断。而且水利工程工程量大、工期较短，又受气象、水文等多种自然条件的制约，还常需水下施工，所以与陆地上的建筑物相比，它具有施工强度大、难度高、技术复杂、相互干扰、条件艰苦等特点，故需要采用先进的施工技术、严密的施工组织和科学的管理机制。

（4）大型水利工程的挡水建筑物失事，将会给下游带来巨大的损失和灾难。水利工程，特别是大型水利枢纽的兴建，一方面对发展国民经济、改善人民生活具有重要意义，对美化环境也将起到重要作用。另一方面，由于水库水位抬高，在库区内会造成淹没，需要移民和迁建；库区周围地下水位升高，对矿井、房屋、耕地等会产生不利影响；水质、水温、湿度的变化，改变了库区小气候并使附近的生态平衡发生变化；在地震多发区修建大、中型水库，有可能诱发地震等。作为蓄水工程主体的坝或江河的堤防，一旦失事或决口，将会给下游的人民生命财产和国家建设带来巨大的损失。据统计，近年来全世界每年的垮坝率虽较过去有所降低，但仍在 0.2% 左右。

2.2　水工建筑物冲磨破坏原理

2.2.1　冲磨破坏的部位及形态特征

冲磨破坏主要发生在水工混凝土建筑物的泄流部位,如大坝溢流面及下游消能工(护坦、趾墩、鼻坎、消力墩)、底孔或隧洞的进口、深孔闸门及其后泄水段等易发生冲磨空蚀破坏,挟带悬移质(北方河流)和推移质(西南山区河流)河流上修建的水工建筑物的泄洪、排沙洞,水闸底板、闸墩、护坦、消力池等,易遭受冲磨破坏。

冲磨破坏的形态特征主要表现为:

(1)冲磨剥蚀一般面积较大,并具有一定的连续性,悬移质冲磨破坏表现为混凝土的均匀磨损,而推移质冲磨破坏则会在其强烈输送带处形成冲沟或冲坑;

(2)冲磨剥蚀后剩余的混凝土仍然比较坚硬;

(3)冲磨剥蚀有可能诱发空蚀破坏;

(4)在有冻融破坏的地区,冲磨可能与冻融剥蚀联合作用;

(5)冲磨发展到一定程度,可能诱发大面积的水力冲刷破坏。

2.2.2　冲磨介质的分类

我国是个多含沙河流的国家,不同地区、不同河流,泥沙在水流中运动的方式不一样,其冲磨破坏方式也不一样。

通常将水流中的介质分为悬移质与推移质。但水流中的颗粒属于推移质还是悬移质取决于颗粒的大小、形状和密度,并与水流速度和紊动有关。一般情况下,粒径较小的沙粒在水中多呈悬浮状态。但在高流速、紊动大的情况下,大卵石实际上呈悬浮状态,间歇地被水流携带运移。相反,在缓坡、流速低的渠道中,粉沙颗粒可能呈推移质运动。一般情况下,悬移质泥沙在水流中呈悬浮状运移;大粒径的推移质沙石则沿建筑物表面呈滑动、滚动或跳跃状态运移,对建筑物的破坏力最大。

黄河流域和华北地区的河流,以含细颗粒的悬移质泥沙为主。悬移质泥沙颗粒较小,在高速水流的紊动作用下,泥沙颗粒被均匀地混合,并与水流一起运动。西南地区及新疆等地,因河流多为山区性河流,河谷狭窄,河床坡降大,汛期水流湍急,流域内的风化岩石在洪水挟带下大量进入河道形成推移质。这些推移质的大粒径一般为 $200\sim300$ mm,也有超过 1 m 的。推移质在水流中以滚动、滑动和跳跃的方式运动,对过流表面不仅有磨损作用,而且有冲击破坏作用,故对建筑物的破坏较悬移质严重。除了原河水中挟带推移质外,还有许多工程由于施工中废渣、上游围堰残体等处置不当,通水后这些块体也成为推移质,或者是消力池(或消力戽)设计或运行不当,在泄水时将下游河床沙石卷入消力池(或消力戽),增加了河水推移质的含量,造成了建筑物的磨损破坏,如黄坛口工程溢洪道消力池、陆水溢流坝消力池、石泉电站泄洪中孔消力戽等即属此类(刘崇熙和汪在芹,2000)。

由磨损冲击引起的破坏,有时会与空蚀联合作用,相互交替或促进。有的空蚀是由泥沙磨损造成的过流表面凹凸不平引起的,在有空蚀作用的条件下,有时会增大泥沙对过流表面的冲击而加剧磨损。如第 1 章所述,在大型水电工程中,近 70% 存在冲磨或空蚀问题,有的甚至非常严重,不仅自身受到破坏,而且危及其他建筑物的安全,其中丰满、三门峡、刘家峡、龚嘴等水电工程,虽经进行了修补但还是屡遭破坏。

2.2.3　材料磨损公式

工程运行实践和室内实验研究表明,清水流过混凝土表面,除消能不良及空蚀破坏外,对混凝土基本上没有破坏作用。水工混凝土磨蚀的外界条件主要有两个:一是水流中挟带有一定量的固体颗粒;二是在稳定流态前提下挟带固体颗粒的水流要具有一定的流速,这个流速至少能够启动水流挟带的沙石并达到一定的速度。水流速度是影响混凝土磨蚀磨损的关键,固体颗粒的粒径越大要求的起动速度就越大。超过起动速度而仍然处于较低流速时,固体颗粒滚过或者滑过混凝土表面,对混凝土将造成摩擦损耗或微切削作用;超过起动速度并且流速很高时,固体颗粒有可能会快速滚动或跳跃前进,这样即使是很小的颗粒也会对混凝土产生较大的冲击破坏。所以,推移质及悬移质沙石的磨损,都可以概括为以不同冲角作用于材料表面的流体力学磨粒磨损,即推移质及悬移质磨损都存在着沙粒微切削和冲击变形磨损。总磨损量由这两种磨损量的叠加而成。Bitter 1963 年建立了磨粒磨损能量理论(Bitter,1963),随后 Nelson 和 Gilchrist 又给出了复合磨粒磨损公式(Neilson and Gilchrist,1968)。

$$I(\alpha)=\frac{1}{2\varepsilon}(V_s\sin\alpha-K)^2+\frac{1}{2\varphi}V_s^2\cos^2\alpha\cdot\sin(n\alpha)\quad(a\leqslant\alpha_0)$$

$$I(\alpha)=\frac{1}{2\varepsilon}(V_s\sin\alpha-K)^2+\frac{1}{2\varphi}V_s^2\cos^2\alpha\quad(a>\alpha_0)$$

(2.1)

式中:V_s——沙速,m/s;

α——冲角,(°);

α_0——昨界冲角,(°);

K——临界沙速,m/s[当 $V_s\sin\alpha\leqslant K$ 时,$I(\alpha)=0$];

ε——冲击磨损耗能因数;

φ——微切削磨损耗能因数;

n——水平回弹率因数;

$I(\alpha)$——磨损失重率,g/kg。

$$I(\alpha) = \frac{W(\alpha)}{M_S} \tag{2.2}$$

式中：M_S——磨料沙质量，kg；

　　$W(\alpha)$——M_S重的沙以冲角 α 对材料冲磨所造成的磨损失重，g。

当 K、ε、φ、n 四个材料抗冲耐磨特性参数确定后，上式可描述材料的冲磨情况。

试验研究表明，材料性能对磨损与冲角的关系有很大影响，致使上述磨损公式所述的磨损与冲角关系曲线的形状对于不同材料有显著区别（李光伟和杨元慧，2004；尹延国等，2001a）。柔性材料的流失主要由材料的塑性变形过程和切削作用共同引起，实际上是在磨粒的切削作用下使磨屑脱离材料表面（尹延国，1998）；脆性材料的流失主要是因为磨粒反复冲击材料表面，材料表面形成辐射状裂纹，裂纹相互交错产生材料的剥落，即发生压印破坏。

例如，对于柔性金属（如软钢板、铝板）等塑性材料，冲击磨损分量通常很小（ε 很大），当冲击角较小时，磨损失重率具有最大值，如图 2.1（a）所示；对于岩石、混凝土等脆性材料，磨损失重与冲角关系曲线是单调上升的，当 $\alpha = 90°$ 时磨损失重率最大，如图 2.1（b）所示（杨春光，2006）。

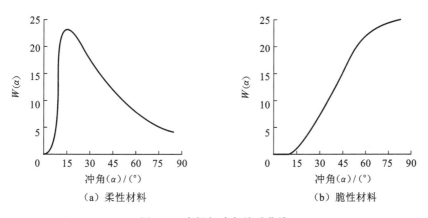

图 2.1　磨损与冲角关系曲线

如果过流表面以钢板等塑性材料衬砌，当泥沙颗粒以与边壁成 5°～15°的微小角度冲击作用于床面及侧壁时，镶嵌材料处于磨损高峰，如图 2.1（a）所示，过流表面很快被磨损。

如前所述，不同地区、不同河流，泥沙性质及其在水流中运动的方式不一样，其冲磨破坏方式也不一样。悬移质对混凝土的冲磨破坏，是由高速水流挟带的泥沙颗粒对混凝土表面的冲击、摩擦及切削等作用所致。高速水流挟带的推移质，除了对泄水建筑物过流面有磨损作用外，还有冲击砸撞作用。下面分别对它们的冲磨破坏机理及特点进行叙述。

2.2.4　悬移质冲磨破坏机理及影响因素

细粒径的悬移质泥沙,在高速水流中与水的质点充分掺混,形成近似均匀的固液两相流,悬移质对水流边壁的冲刷,主要由紊动猝发的涡旋造成。具有紊动结构的高速水流,在平滑的水流边壁附近,也发生纵向和横向涡旋流体,这些涡旋不断地重复着由小到大而后消失的过程。随着涡旋的形成、扩大和消失,水流中的泥沙颗粒以较小的角度(5°～15°)冲击流道表面,对边壁施以切削作用和冲击作用,从而造成建筑物表面的磨损。

含悬移质泥沙的高速水流,以逐层磨削软弱部分的方式对混凝土材料进行磨损。首先磨掉表面的水泥浆层,进而淘刷粗骨料之间的砂浆,使粗骨料裸露出来。一般情况下,粗骨料的硬度更大,突出的骨料构成一个耐磨层,可经历一个较长时间的磨损,之后粗骨料之间的砂浆被严重淘刷,骨料会被水流冲击而脱落,冲磨破坏会进一步发展。

混凝土材料受含悬移质泥沙的高速水流冲刷后,其外观特征是:磨损轻微者,混凝土失掉表面的水泥浆层,露出粗砂及小石,表面比较平整,磨损深度一般不小于 5.0 mm;磨损严重者,坚硬的骨料颗粒凸于混凝土表面,其棱角多被磨圆,混凝土表面极不平整,逆流向抚摸时,有刺手的感觉。当粗骨料较软弱时(如石灰岩骨料),粗骨料突出较少,表面被磨成顺水流方向的沟槽或波纹,有时也可能被淘刷成坑洞(阿西米,2008)。

受悬移质泥沙冲磨的泄水建筑物,在全部过水断面都有被磨损的痕迹,随着水流含沙率的变化及过流表面冲磨作用时间长短的不同,过水断面底部磨损较侧壁严重,侧壁上部磨损较轻,下部较重。但就建筑物整体来看,大多为均匀磨损,很少产生大冲坑等局部破坏。

室内试验和原型观测结果表明,混凝土表面的磨损率与水流速度,含沙率,沙石颗粒形状、粒径、硬度及建筑物表面形态等多种因素有关。

1) 水流速度或沙速对磨损率的影响

从磨损公式可知,沙速与磨损失重率呈二次方关系,当沙速 $V_S \sin\alpha \leqslant K$ 时,材料不受磨损。然而,由于沙石粒径、形状的不同,水流速度和流态的差异,水流边壁曲率的不同,以及抗磨材料的不同,许多研究资料给出的含沙水流流速与磨损量关系的二次方指数存在很大差别。合肥工业大学的尹延国等指出,当水流流速较小时,悬移质泥沙对壁面的冲量也小,在某一界限流速下,即使含沙量较大,水流中的泥沙对壁面也不会造成明显磨损,不产生明显磨损的界限流速为 10～12 m/s;当流速大于 20 m/s 时,为高流速,混凝土过流壁面的磨损程度与水流平均流速之间,一般呈 2～3 次方的关系,与泥沙含量呈线性关系(尹延国 等,1998)。原水电部十一局勘测设计院科研所根据三门峡工程原型观测资料,并参照已有的试验研究成果,认为悬移质泥沙对混凝土的磨损量与作用流速 V 之间呈 2.7～3.0 次方的关系(祖福兴,2010)。成都勘测设计研究院科研所用圆环冲刷仪,以不同速度对不同强度的混凝土材料进行室内试验得出,当混凝土抗压强度为 26～72 MPa 时,混凝土的磨损率与流速的 1.5～2.5 次方成正比（黄绪通 等,1990）。

上述试验成果虽然存在很大的差别,但它们都表明水流速度或沙速是影响磨损量的决定性因素。

2）沙石粒径对磨损率的影响

水流中所含沙石颗粒的粒径,直接影响沙石颗粒受水流拖曳力、浮力及自身重力的大小,从而影响颗粒在水体中的运动状况。同时,当沙石粒径不同时,即使冲磨作用条件相同（沙速、冲角均相同）,对同一种材料造成的磨损失重率仍然是不同的。

武汉大学用喷沙法进行的实验结果表明,混凝土抗冲耐磨特性参数随沙石粒径 d_c 变化,当 d_c 增大时,n、α_0 基本不变,但 K、ε、φ 值减小,即随着粒径增大,冲磨破坏作用将增大（祖福兴,2010）,并有以下近似关系式:

$$\frac{K_2}{K_1} = \left(\frac{d_{c1}}{d_{c2}}\right)^{0.4}$$

$$\frac{\varepsilon_2}{\varepsilon_1} = \left(\frac{d_{c1}}{d_{c2}}\right)^{0.5} \qquad (2.3)$$

$$\frac{\varphi_2}{\varphi_1} = \left(\frac{d_{c1}}{d_{c2}}\right)^{0.35}$$

成都勘测设计研究院科研用平均粒径 d_{cp} 为 0.9～5.0 mm 的沙石进行的试验结果表明,随着沙石粒径增大,磨损率显著增大（图 2.2）。当 $d_{cp} > 3.0$ mm 时,建筑物表面的磨损率将急剧增大（黄绪通 等,1990）。

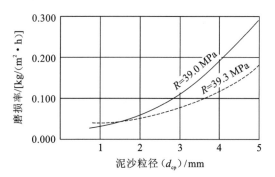

图 2.2　混凝土磨损率与泥沙粒径的关系

R 为抗压强度

工程实践及实验研究证明,当泥沙颗粒减小到某一极限值时,对材料几乎不产生磨损作用,常将此极限值称为"有效磨损粒径"或"最小临界粒径"。原水电部十一局勘测设计院科研所根据三门峡工程观测资料,并参考有关资料提出,对于钢板材料,有效粒径 $d = 0.04$ mm。根据廖碧娥等的试验知,对于水泥混凝土材料,有效磨损粒径与混凝土的强度及沙速有关（杨春光,2006）,见表 2.1。

表 2.1　不同沙速时混凝土的有效磨损粒径

沙速(V_S)/(m/s)	5.0	10.0	15.0	20.0	30.0	40.0
混凝土标号 200 的有效磨损粒径/mm	0.41	0.073	0.026	0.013	0.005	0.002
混凝土标号 300 的有效磨损粒径/mm	0.79	0.139	0.050	0.025	0.009	0.004
混凝土标号 400 的有效磨损粒径/mm	1.28	0.226	0.082	0.040	0.015	0.007

3）泥沙颗粒形状及硬度对磨损率的影响

泥沙颗粒棱角尖利者，磨损作用较强。一般认为，圆球形、棱角形、尖角形的泥沙磨损能力之比为 1∶2∶3，廖碧娥等用喷沙法对天然河沙（石英颗粒占 80％以上）与石英岩人工破碎砂进行对比试验表明，人工破碎石英砂对混凝土的垂直冲击磨损为天然河沙的 1.25 倍，水平微切削磨损为天然河沙的 2.0～4.0 倍（廖碧娥，1993）。

泥沙颗粒坚硬者，对材料磨损作用也较强。原水电部十一局勘测设计院科研所根据三门峡原型观测资料，提出了硬度的界限值。当悬沙颗粒硬度小于或等于材料硬度时，不产生明显的磨损作用；当材料硬度比悬沙硬度低一级，则材料表面被磨成擦痕，但磨损率不大；当材料硬度降低两级，则材料表面被磨成坑洞，已不能抵抗悬沙的磨损（祖福兴，2010）。

4）冲磨历时与磨损失重率的关系

试验研究表明，随着挟沙水流作用时间的延长，混凝土材料单位磨损率逐渐降低，经一段时间后，磨损率趋于某一固定值。这种现象主要是由混凝土表面砂浆层抗冲耐磨性能较低所致。一般情况下，水泥浆或砂浆不及骨料坚硬耐磨。在挟沙水流的初期，砂浆层首先被冲磨，随着作用时间的延长，骨料逐渐裸露，增强了混凝土的抗冲耐磨性能，故混凝土的磨损失重率逐渐趋于稳定（黄国兴和陈改新，1998）。

2.2.5　推移质冲磨破坏机理及影响因素

推移质对建筑物表面的破坏机理与悬移质不同，悬移质使建筑物壁面因摩擦作用而产生磨损破坏，推移质以滑动、滚动及跳动的方式在建筑物表面运动，除了摩擦及切削作用外还有冲击作用。建筑物表面不仅受到推移质泥沙滑动、滚动摩擦力的破坏，而且还受到泥沙冲击力的破坏。

如建筑物表面 A 点处，受到质量为 m、速度为 V_1 的沙石的冲击，垂直向冲击力按动能原理分析（忽略水的阻力）应为（黄国兴和陈改新，1998）

$$F_Y = \frac{2mV_1\cos\alpha}{\Delta t} \tag{2.4}$$

如图 2.3 所示，石子在水流的作用下，以速度 V_1 冲击建筑物壁面，假设它又以同样的速度 V_1 反弹起来，由于冲击壁面的时间 Δt 很短，其值很小，则 F_y 值很大。石子在反作用力下弹跳起来后又会再次下落冲击壁面。这样反复作用，对建筑物 A 点来讲，会遭受多次摩擦、切削与冲击。当材料强度达到极限值或疲劳极限值时,则会发生破坏,表现为表面剥落,并继续向纵深扩展。

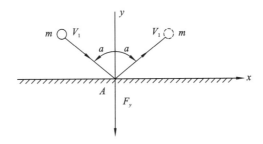

图 2.3　沙石冲击示意图

推移质对建筑物表面的破坏较复杂,不仅与推移质的滑动、滚动、冲击形式有关,还与沙石本身的颗粒形状、质量、数量,水流速度、状态,冲击角度,过流时间等有密切关系。一般认为石子粒径越大,水流流速越大,过流时间越长,对水工建筑物的破坏越大。此时石子可以跃起,造成巨大的冲磨破坏(尹延国 等,1998)。

水工混凝土的磨损问题,属于流体动力学沙粒磨损,影响因素很多。基本影响因素有两个:一是挟沙水流与护面相互作用的条件,这些条件与水工建筑物的体型及运行方式有关;二是材料抗挟沙石水流冲击磨损的能力,即材料的抗冲耐磨性能。

磨损现象的产生,是挟沙水流对水工建筑物表面产生冲击和摩擦做功的结果。沙石从水流中获得能量的多少,对建筑物表面做功大小,以及它与混凝土表面接触的方式等,都是影响磨损的因素,如水流速、沙石含量、粒径、硬度、形状、过流时间、水流流态及护面材料的性能等。

1) 流速的影响

当水流流速达到一定值时,河床推移质才能开始移动,泥沙启动流速公式为

$$V=\left(\frac{h}{d}\right)^{0.14}\left(29d+6.05\times10^{-7}\times\frac{10+h}{d^{0.72}}\right)^{\frac{1}{2}} \tag{2.5}$$

式中:V——启动流速,m/s;

　　h——河流水深,m;

　　d——泥沙粒径,m。

从上式可以看出,启动流速 V 的平方与泥沙粒径 d 呈比例关系,V 值越大,带动的推移质质量越大,因而运移的推移质具有的动量亦大,其破坏力就越大。

水流的运动是泥沙得以运动的主要能量来源。所以,挟沙水流的速度,是影响建筑物表面磨损的重要因素。推移质的运动与作用在推移质颗粒上的有效流速和推移质的粒径成平方的关系。由此认为,推移质过闸所造成的冲击破坏是与流速密切相关的,由于流速分布不一(尤其是底流速),反映在破坏的程度上,其亦存在轻重之分。根据室内试验的结果,可以认为混凝土的表面磨损大约与流速的二次方成正比例变化。

2）水流的流态对建筑物表面的影响

从石棉电站冲沙闸和映秀湾冲沙闸的运行情况发现,水流的流态对推移质运动有显著的影响,从而对建筑物表面磨损有较大的影响。例如,石棉电站冲沙闸受上游大约50 cm处南瓜桥的影响(河床中间桥墩宽 3～4 m,束窄了河床),闸前水流紊乱,主流与闸轴线成一角度,形成环流,主流的面层趋向左岸,而底层趋向右岸,因而推移质随底层水流撞击闸侧,使闸室、铺盖及护坦右侧的冲磨破坏更为严重(孙志恒 等,2017)。

又例如,龚嘴电站下游消力池的破坏,更是由于水流底部形成一底流速指向上游的巨大漩滚,紊动十分强烈,使消力池内的卵石和块石(施工弃渣)在环流的带动下做循环往复运动,对边界造成严重的冲击磨损(邓军 等,2001)。这是水流流态对推移质冲磨破坏影响的典型实例。

3）沙石量的影响

实践证明,水流中挟带的固体颗粒,是造成建筑物表面磨损破坏的主要原因。水流中沙石含量越大,就会有更多的磨粒参与对流道边壁材料的磨损。因而在一定沙石含量范围内,其含量越大,冲磨破坏就越严重(张涛,2015)。不同抗压强度混凝土表面磨损率随含沙率增加而增加,见图2.4。

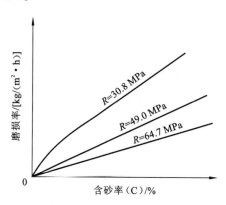

图 2.4　混凝土磨损率与含沙率的关系

R 为抗压强度

应当指出的是,对于沙石含量较大的水流,由于磨粒数目增多,彼此之间相互碰撞的机会增大,反而使冲击边壁材料的有效磨粒减少,从而抵消了一部分因沙石含量增大,冲击沙石数目增多的效果。

4）沙石粒径的影响

对于一定比重和形状的沙石,其粒径表征沙、石的质量。在一定范围内,运动着的推移质粗颗粒,随着沙石粒径的增加,其具有的动量也增加,其对作用面的冲击力远较细颗粒沙粒显著,因而推移质越大,其冲撞力亦越大。有关试验表明,混凝土表面磨损率随泥沙粒径的增加而增加(韩素芳,1996),见图2.5。

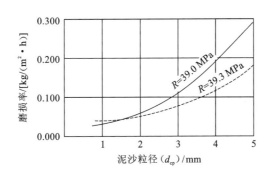

图 2.5　混凝土单位磨损率与泥沙粒径的关系

R 为抗压强度

可以看出,当泥沙粒径大于 3.5 mm 时,混凝土表面的冲磨破坏急剧增加,表明泥沙颗粒越大,其冲击磨损破坏作用越严重。显然这与工程运行的实际情况基本上是一致的。

5）沙石形状的影响

河流中的沙石颗粒形状很不规则,随着泥沙来源、矿物成分、移动路程的不同,而有不同的形状。山区性河流所挟带的沙石,移动路程较短的,棱角较多呈不规则形,移动路程越长,形状越滚圆。沙石的形状亦与其粒径大小有关,大粒径的推移质,在被推移的过程中,受到的机械摩擦较强,故其形状趋于滚圆。

当沙石以一定的动能冲击材料的表面时,若沙石形状尖锐,棱角与混凝土表面接触,由于接触面积很小,冲击点的局部应力很大,因此,在其他条件相同的情况下,沙石形状越尖锐,造成的磨损量也越大。

6）冲角与护面材料的影响

推移质沙石的运动方式主要有跳跃、滑动和滚动,而跳跃运动则是造成护面材料破坏的重要形式。推移质对混凝土的破坏,主要是大角度的冲击破坏。沙石冲击混凝土表面后再跃起,再冲击。对推移质来说,冲角较大,沙石在垂直方向的动能分量也较大,对混凝土的磨损也较为严重。例如,在以悬移质为主的条件下,因固体颗粒以很小的冲角作用于材料表面,钢板等材料的磨损失重率较大,抗磨损性能较低,但在以推移质为主的条件下,由于大颗粒沙、石以较大的冲角作用于材料表面,此时钢板的冲磨曲线已越过峰值,表现出较高的抗推移质冲磨的性能。

水泥混凝土、砂浆等材料属于非均质的有弹性、塑性、黏性的脆性材料。有关试验证明,这些材料受到磨粒磨损后,其磨损规律适用于上述复合磨粒磨损理论。

廖碧娥应用复合磨粒磨损基本理论,通过试验确定出材料的抗冲耐磨性能参数,并通过对石棉水电站冲沙闸护坦的泥沙运动力学分析,对护面混凝土的表面磨损深度进行了估算(廖碧娥,1993)。结果表明,在推移质泥沙冲磨条件下,混凝土表面的冲磨深度随其抗压强度的提高而减少,其间呈曲线关系,曲线渐趋平缓的最低强度值并非固定不变,它将受冲磨条件、材料特性等多种因素的影响。一般来讲,在有抗推移质冲磨要求的工程部位,其护面混凝土的抗压强度应不低于 C38。

2.3 抗冲耐磨材料的设计

2.3.1 抗冲耐磨材料的选择原则

在水工混凝土抗冲耐磨防护及修补中,除了抗冲耐磨需求外,为了达到耐久性的目的,必须考虑影响设计和防护修补方法选择等诸多因素。选择抗冲耐磨防护修补材料是许多相关措施之一,无论防护或修补工作如何完善,使用不合适的抗冲耐磨材料都可能导致抗冲耐磨性能过早失效。

选择抗冲耐磨材料时,首先必须满足力学强度要求。其次是在满足力学要求的前提下,尽可能选择弹性模量、热膨胀系数、收缩、徐变与混凝土接近的材料。已有研究表明,抗冲耐磨材料不能一味追求高强度,还应提高材料的韧性,提高其抵抗温度、湿度变化的能力,提高其对基层混凝土的黏接力等,使其成为混凝土表面抗高速水流冲磨破坏的保护层。抗冲耐磨材料的选择还应结合冲磨部位特点、水流含沙量、流速、气候条件等实际工况予以综合考量。

耐久的混凝土抗冲耐磨防护修补需要一系列具备不同物理形式和施工技术的材料。抗冲耐磨材料的选择必须考虑的三个要素:冲磨状况,抗冲耐磨材料的性能及其与混凝土基层的相容性,完成抗冲耐磨工作的技术措施和设备。混凝土抗冲耐磨处理的耐久性取决于许多因素,抗冲耐磨材料与基层材料的相容性、与结构的适应性及在各种环境下的可用性都是很关键的因素。

2.3.2 抗冲耐磨材料的基本性能

水工混凝土抗冲耐磨防护修补中,应考虑以下抗冲耐磨材料的基本性能。

1) 收缩

成功的防护或修补,首先是防护修补材料和基面或底面之间有很好的黏接力。一般认为新混凝土对老混凝土没有很好的黏接力,其实这种认识是错误的。新老混凝土之间结合失败通常不是新混凝土对处理过的基面的黏接不良,而是由收缩引起的。

实际上,所有混凝土在硬化后由于干燥都会引起收缩,而且大部分收缩在混凝土浇筑后不久就会产生。对于新施工的混凝土,其收缩问题可通过设计时设置伸缩缝,控制裂缝来解决。一般,当水泥基修补材料水化或失去水分时,便会收缩。而且,这种收缩通常被老混凝土的基面黏接力约束。当收缩引起的应变超过修补材料的极限抗拉强度时,便产生裂缝。

由于大多数抗冲耐磨防护及修补是在老混凝土结构上进行的,老混凝土结构的干缩很小,抗冲耐磨材料必须是基本上不收缩或产生不引起黏接强度下降的收缩。

2) 热膨胀系数

所有材料的膨胀和收缩都随温度而改变,这种随温度而改变的膨胀和收缩值取决于热膨胀系数。热膨胀系数由单位长度上的长度变化除以温度变化值得到。钢筋混凝土的热膨胀系数为 $10 \times 10^{-6} ℃^{-1}$ 左右。在大面积抗冲耐磨修补防护或浇筑的面层工程中,热学性能的相容性非常重要。当两种热膨胀系数差异很大的材料结合并经受大温差变化时,不同体积量的变化会导致表面处或材料内部强度的降低。当使用的抗冲耐磨修补防护材料,如聚合物有更高的热膨胀系数时,在修补防护中,将经常导致裂缝、剥落和分离。这种现象对需经常经受大温差变化环境的抗冲耐磨修补防护材料影响较大,而在温差较小环境影响较小。

根据聚合物的不同类型,未加填料的聚合物的热膨胀系数超过混凝土的 6～14 倍,在聚合物中增加填料或骨料将使情况有所改善。但是加骨料聚合物的热膨胀系数仍是混凝土的 1.5～5 倍(蒋正武,2009)。因此,含有聚合物的抗冲耐磨材料比混凝土基面更易因温度应力而产生收缩。当抗冲耐磨材料出现膨胀时,先浇混凝土基面上的胶凝材料产生约束力,它引起的应力能使抗冲耐磨材料出现裂缝或出现翘曲和剥落。

3) 渗透性

渗透性是指材料对液体和蒸气的渗透能力。一般高质量的混凝土不会渗透液体,但能通过蒸气。如果将完全不渗透的材料应用于大面积防护、修补、垫层或涂层,潮湿的蒸气则因无法渗透过涂层而聚集在混凝土基层表面和涂层之间,截留的蒸气可能会引起黏接面的破坏,或者两种材料中薄弱面的破坏。例如高品质、不渗透的环氧涂层往往可能由于通过涂层的潮气压力造成黏接失败。对容易侵蚀的区域进行修补防护时,材料必须具有低渗透性,以抵抗各种侵蚀介质,如氯化物、水及二氧化碳、硫酸盐的渗透侵入。因此,应根据具体防护修补环境与要求,选择抗冲耐磨材料的渗透性。

4) 弹性模量

材料的弹性模量是其硬度的标志。抗冲耐磨材料的弹性模量应该与混凝土基面的弹性模量相同,使载荷能均匀地穿过抗冲耐磨区域。尽管如此,有较低弹性模量的抗冲耐磨材料将表现出较低的内部应力和较高的塑性变形,这大大减少了非结构性或保护性修补中裂缝和分层的产生。

对于需要经受悬移质和推移质冲刷的区域,必须保证抗冲耐磨材料与原有混凝土具有协调的弹性模量。如果两种材料的弹性模量不同,冲磨作用将引起不同的变形,从而导致抗冲耐磨材料或是原有混凝土失效。

除外力作用外,如前所述的收缩和热变形都会导致不同弹性模量结合的黏接强度下降,除非防护修补材料的弹性模量足够低,以至于在黏接面上不会产生很大的应力。许多抗冲耐磨材料,如环氧类材料,具有低弹性模量的性质,可避免和混凝土基面黏接力的下降。

5) 黏接强度

砂浆与混凝土之间的黏接强度对于抗冲耐磨处理后的耐久性也十分重要,它是保持抗冲耐磨区域完整性的一个重要性能。在大多数情况中,抗冲耐磨材料与先浇混凝土基面之间胶结良好是抗冲耐磨防护的最主要要求。准备质量优良且密实的混凝土基面常常可以提供足够的黏接强度,而拉伸黏接试验是评估抗冲耐磨材料、表面准备和浇筑过程的重要手段。

6) 抗拉强度

抗拉强度是指在没有形成一条连续的裂缝时,修补防护材料所能承受的最大应变能力,达到极限应力 90% 的拉应变通常被定义为极限应变。在所有测量拉应力(弯曲、直接拉伸和内部约束)的常规方法中,应变速率比在收缩过程中产生的应变速率快很多。一旦超过最大拉应力或者极限应变,混凝土就开裂。为了减少裂缝,需最大限度地减小干缩引起的应变和最大限度地提高抗拉强度。

7) 抗压强度

一般认为抗冲耐磨修补材料的抗压强度应该与先浇混凝土基面的抗压强度相同。通常,抗冲耐磨修补防护材料的抗压强度高于混凝土基面的抗压强度,但不一定有益。事实上,高强度的水泥基抗冲耐磨材料可能导致收缩更大。另外,抗压强度高,弹性模量也高,将降低抗冲耐磨材料的塑性变形。

8) 颜色性能

对于水工建筑物混凝土表面的抗冲耐磨修补防护,抗冲耐磨材料与附近表面的颜色不应有显著性差异。在实际的施工工作开始之前,应当在工作现场的实验室进行颜色一致性实验。

第 3 章

抗冲耐磨材料

有机抗冲耐磨材料因其抗冲耐磨性能优异，与混凝土黏接力好，施工工艺简便，破坏后再修补方便等优点，已广泛应用于水利水电工程泄水建筑物过流面的抗冲耐磨防护和修补。在选择抗冲耐磨材料时，应尽可能选择与混凝土基底相容性较好的材料，选择与混凝土黏接力高且弹性模量、热膨胀系数、变形性能与混凝土接近的材料，在重视材料力学强度的同时，还应兼顾韧性。此外，还应结合冲磨部位特点、水流流速、含沙量、气候条件等实际工况予以综合考量。例如，以悬移质磨蚀破坏为主的部位，应选择硬度较高的材料；以推移质冲蚀破坏为主的部位，应选择弹性和抗冲击韧性好的材料；以气蚀破坏为主的部位，应选择既具有较好冲击韧性，又具有较高磨损硬度的材料。根据冲磨破坏程度、缺陷深度选择不同的抗冲耐磨材料，深层修复主要选取聚合物树脂混凝土类修复材料，薄层修复主要选择聚合物树脂胶泥/砂浆和聚合物改性水泥基材料，表面防护则主要选择改性环氧、聚氨酯(聚脲)等耐磨涂层。根据环境适应性要求选择，紫外辐照和大温差服役环境下可选聚脲类和高耐候改性环氧类材料，常规服役环境或避光部位可选择普通环氧类材料和丙乳砂浆等聚合物改性水泥基材料。

3.1 环氧树脂抗冲耐磨材料

环氧树脂抗冲耐磨材料一般由封闭底漆、薄层或厚层修补材料、面层耐磨涂层组合而成。其中，封闭底漆通常为极低黏度的环氧基液，其对混凝土的渗透性强，通过化学改性措施，表面富集多种活性官能团，能够与后续材料形成良好的黏接。修补材料以系列弹性环氧胶泥和环氧砂浆为主，通过调节粉剂级配，形成一次性立面厚度为 1～8 cm 的修补防护层，当修补部位较大较深时，可与环氧混凝土配合使用。面层通常需要兼顾耐磨性和耐候性，可以选择改性环氧涂层，也可以选择其他耐磨涂层。

以下将分别介绍环氧类抗冲耐磨材料的基本原理，常用的环氧基液、环氧胶泥、环氧砂浆和环氧混凝土材料，以及环氧类材料的改性技术等。

3.1.1 基本原理

1. 环氧树脂的选择

环氧树脂是从环氧化合物衍生而来的聚合物或低聚物。环氧树脂按溶剂种类可分为溶剂型环氧树脂和水性环氧树脂，其中水性环氧树脂又包括水溶性、水分散性环氧树脂。按化学结构大致分为缩水甘油醚类、缩水甘油酯类、缩水甘油胺类、脂肪族环氧化合物及脂环族环氧化合物五大类。按与环氧基团连接的烃基结构特征可分为芳香族、脂肪族和脂环族三大类。其中，芳香族环氧树脂主要适用于避光区、非强紫外辐照区域等对材料耐候性要求不高的常规使用工况；对于长期暴露于光、热、湿气、侵蚀介质等环境的部位，尤其是强紫外辐照区域，应选用耐候性更佳的脂环族、脂肪族环氧树脂，或对芳香族环氧树脂采取耐候性改良措施后方可使用。

下面介绍几种常用的环氧树脂及质量控制指标。

1）芳香族环氧树脂

双酚 A 型环氧树脂（bisphenol A epoxy resin）即二酚基丙烷缩水甘油醚，是目前最重要的工业化环氧树脂。双酚 A 型环氧树脂具有原材料易得、成本低等优点，产量大，用途广，因而被称为通用树脂。双酚 A 型环氧树脂的结构通式如图 3.1 所示。

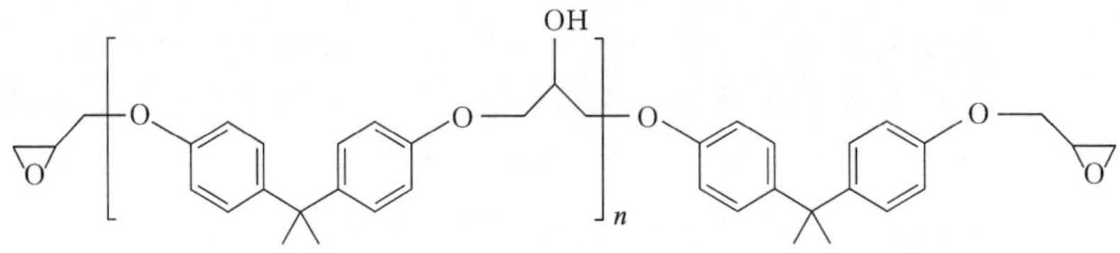

图 3.1 双酚 A 型环氧树脂的结构通式

从结构通式看,双酚 A 型环氧树脂端基是反应活性很强的环氧基,分子主链为线性结构且含有许多醚键、苯环、次甲基和异丙基,聚合度(n 值)较大的树脂分子链上有许多羟基。环氧基和羟基均具有反应活性,可提高固化物的内聚力和黏接性能;醚键和羟基是极性基团,有助于提高对混凝土基底的浸润渗透能力和黏附力。主链上醚键和由 C—C键组成的线性长链给大分子固化物赋予了一定的柔顺性,苯环赋予耐热性和刚性,异丙基赋予一定的刚性,醚键键能较高,有助于提高固化物的耐酸、耐碱性。

基于上述结构特点,双酚 A 型环氧树脂能溶于多种溶剂,能与多种固化剂反应,形成性能优异的三维结构固化物。固化时基本上不产生小分子挥发物,固化物具有优异的力学强度、黏接性能和耐腐蚀性,固化收缩率低(小于 2%),热膨胀系数小,稳定性好,应用范围广泛。

水利水电工程中常用的双酚 A 型环氧树脂产品有 E-44 型(国内为 CYD-144 型)和E-51 型(国内为 CYD-128 型)。E-44 型的主要优点是黏接力强、收缩性小、稳定性高,主要缺点是低温条件下黏度很大,需加热才能从容器中倒出。E-51 型既具有 E-44 型环氧树脂的优点,还具有低温条件下黏度相对较低、操作简便、价格适中的特点。两种型号环氧树脂的主要性能指标如表 3.1 所示。

表 3.1　常用环氧树脂物性参数

产品名称/型号	环氧值/(mol / 100 g)	软化点/℃	黏度(25 ℃)/(mPa·s)	挥发物含量(150 ℃)/%
E-44	0.41~0.47	12~20	20 000~40 000	≤1.0
E-51	0.48~0.54	—	11 000~14 000	≤1.5

除了双酚 A 型环氧树脂外,较常见的芳香族环氧树脂还具有类似结构的双酚 F 型、双酚 S 型环氧树脂,间苯二酚型环氧树脂,酚醛环氧树脂等。

芳香族环氧树脂的主要不足在于:一是耐候性差,在紫外线照射下会降解,不能在户外长期使用;二是韧性不高,冲击强度低;三是耐湿热性较差。

2)脂环族环氧树脂

脂环族环氧树脂是指含有两个或两个以上脂环环氧基的低分子化合物。此类树脂黏度低,与胺类固化剂的反应活性低于双酚 A 型环氧树脂,一般使用酸酐类固化剂,且需同时加入多元醇或多元酚等有活泼氢的化合物。固化产物收缩率小,拉伸强度高,耐候性佳,但韧性较差。典型产品有二氧化双环戊二烯、二氧化双环戊二烯基醚、二甲基代二氧化乙烯基环己烯等。

氢化双酚 A 型环氧树脂是一种比较特殊的脂环族环氧树脂。此类树脂由氢化双酚A 和环氧氯丙烷在碱催化作用下反应制得,其结构式如图 3.2 所示。其特殊性在于:不同于普通脂环族环氧树脂,氢化双酚 A 型环氧树脂中的环氧基具有良好的结构对称性,在分子中含有醚键等,因而具有其他饱和性环氧树脂所不具备的特点。

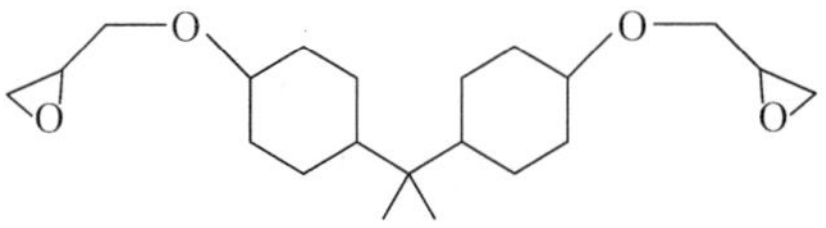

图 3.2　氢化双酚 A 型环氧树脂结构式

氢化双酚 A 型环氧树脂具有低黏度、高透明性、光稳定性好等特点；用胺类或改性胺作固化剂时可在室温条件下固化，一般的环氧树脂固化剂基本上都可以使用；凝胶时间为双酚 A 型环氧树脂的 2 倍左右，固化产物性能与双酚 A 型环氧树脂固化物相近。固化产物具有良好的黏接性、耐紫外线性能和长期耐老化性，不易变色，且耐热性、耐水性、耐酸性、耐碱性、耐化学腐蚀性均较好。

3) 脂肪族环氧树脂

脂肪族环氧树脂是由两个或两个以上环氧基与脂肪链相连而成，分子结构中不含苯环、脂环和杂环等环状结构，只有脂肪链。此类环氧化合物的特点为：大多数品种黏度很小，易与酸酐类固化剂在多元醇体系中发生反应，由于是线性大分子，柔韧性好，固化产物具有良好的热稳定性、黏接性、抗冲击性，不足之处在于固化收缩率较大。代表性产品有环氧化聚丁二烯树脂，结构式如图 3.3 所示。

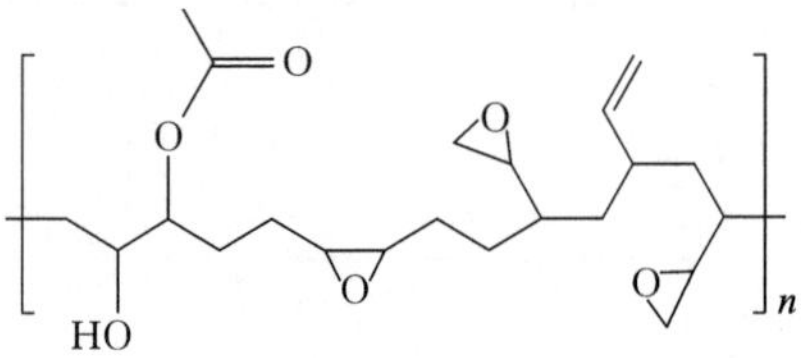

图 3.3　环氧化聚丁二烯树脂结构式

4) 环氧树脂质量控制指标

环氧树脂品质主要由化学性质（环氧基含量、羟基含量、异质端基结构及其含量等）、物理性质（黏度、软化点、溶解性等）、平均相对分子质量及相对分子质量分布共同决定，少量的杂质（如水、氯化钠、游离酚、溶剂、环氧氯丙烷高沸物等）对树脂质量也有影响（李桂林，2003）。

其中，环氧基含量直接关系到固化物交联密度的大小，影响固化物性能，因此，环氧基含量是环氧树脂固化体系配方设计的主要依据之一。

羟基含量对环氧树脂固化的影响很大，羟基能促进伯胺类固化剂与环氧树脂的固化反应，能使酸酐类固化剂开环与环氧基反应，所以羟基含量越高，固化时间越短。因此，可通过选择不同羟基含量的环氧树脂，控制固化时间。

平均相对分子质量大小和相对分子质量分布关系到环氧树脂的黏度、软化点、溶解性等性能，对固化工艺、固化物性能及应用范围也有很大影响。以双酚 A 型环氧树脂为例，

其平均聚合度 n 通常为 $0\sim19$,相对分子质量为 $340\sim7000$。随着 n 值的增加,其性状和软化点也有所不同:当 $n=0\sim1$ 时,室温下为液体,如 E-51、E-44、E-42 等;当 $n=1\sim1.8$ 时,室温下为半固体,软化点 $<55\ ℃$,如 E-31;当 $n=1.8\sim19$ 时,室温下为固体;当 $n=1.8\sim5$ 时,为中等相对分子质量环氧树脂,软化点为 $55\sim95\ ℃$,如 E-20、E-12 等;当 $n>5$ 时,为高相对分子质量环氧树脂,软化点 $>100\ ℃$,如 E-06、E-03 等。水利水电工程中常使用的为 $n<2$ 的低分子环氧树脂,在室温条件下树脂呈液体状态,无须加温便可以同其他辅助材料混溶。相对分子质量低的环氧树脂能溶于脂肪族和芳香族溶剂中,而相对分子质量高的树脂只溶于酮类和酯类等强溶剂中。

2. 室温固化剂的选择

环氧树脂固化剂种类繁多,主要有脂肪族胺类、芳香族胺类和多元胺改性物,有机酸及其酸酐,聚酰胺树脂、酚醛树脂等树脂类固化剂等。

按环氧树脂固化温度要求,可将固化剂分为低温、常温、中温、高温等固化剂,如表 3.2 所示(胡玉明和吴良义,2004)。高温环境下常使用芳香族胺类作为固化剂。常温和中温固化剂多为脂肪族多元胺及其改性物,以及聚酰胺树脂。当环境温度低于 $5\ ℃$ 时,一般的胺类固化剂与环氧树脂反应很慢,即便使用酚类等促进剂,最低固化温度也只能到 $-5\ ℃$,此时可使用聚硫醇,当其与叔胺配合使用时,可在 $-20\sim0\ ℃$ 的低温快速固化,且在潮湿面也能固化。

表 3.2　适用于不同温度的固化剂种类

分类	固化温度/℃	固化剂
低温固化剂	$-10\sim10$	聚硫醇
		脂肪族多元胺/促进剂
		芳香族多元胺/促进剂
常温固化剂	$10\sim30$	聚酰胺
		叔胺
中温固化剂	$60\sim100$	二乙基氨基丙胺
		咪唑
		叔胺盐
		脂环胺
中、高温潜伏性固化剂	$100\sim150$	酸酐促进剂
		BF3-铵盐
		双氰胺/促进剂
		咪唑衍生物
高温固化剂	>150	芳香族多元胺
		聚酚
		酸酐

下面介绍几种目前常用的环氧树脂室温固化剂,主要有脂肪族胺类、脂环族胺类、低相对分子质量聚酰胺树脂类、聚硫醇类及潜伏性固化剂等。

1)脂肪族胺类及其改性物

脂肪族胺类多为小分子多元胺,如乙二胺、二乙烯三胺、三乙烯四胺、二甲氨基丙胺、己二胺等。此类固化剂绝大多数为液体,与环氧树脂具有很好的混溶性,可常温固化,固化反应快。但是固化时放热量大,可操作时间较短,在有水条件下固化反应难以进行,固化物脆性大,使用寿命短,且具有一定毒性。

为了克服此类固化剂的不足,可以将多元胺预先与含环氧基或双键的化合物进行加成改性,或通过与甲醛、苯酚发生曼尼希缩合反应进行改性,或经与酮类化合物、硫脲、羧基化合物等反应改性的方式,获得无毒或低毒、可在室温固化的改性胺类固化剂(魏涛和董建军,2007)。

加成改性是最常用的改性方式。当采用环氧树脂、环氧化合物作为改性剂时,多元胺通常需过量,获得的改性胺由于相对分子质量增大、黏度增加,挥发性和刺激性大幅下降。例如,预先将过量的二乙烯三胺与环氧丙烷丁基醚加成反应,得到的改性胺在室温下呈浅黄色透明黏性液体,胺值为 $600 \sim 700$ mg KOH/g,挥发性和毒性降低,不易吸潮,固化速度与二乙烯三胺相近,放热量减少,可操作时间约为 1 h,固化产物性能与改性前相似,弹性较好,能防止漆膜泛白。当采用丙烯腈、丙烯酸酯等具有 α、β 不饱和键的化合物作为加成改性剂时,主要通过消耗多元胺的活泼氢降低其刺激性,改善其与环氧树脂的相容性。

采用酚醛改性处理时,多元胺预先与甲醛、苯酚发生曼尼希缩合反应,获得的改性胺在低温环境下也具有反应活性,且在潮湿和有水环境下也能固化。

经硫脲缩合改性获得的改性胺也可以作为低温固化剂使用,或者作为室温快速固化剂使用。

多元胺与酮类化合物可反应形成一种潜伏性固化剂——酮亚胺类固化剂,可操作时间更长(可大于 8 h),黏度低,固化产物性能更优。

多元胺与羧基化合物反应可生成低相对分子质量聚酰胺类的改性胺固化剂,室温下反应时,需加入促进剂,获得的固化产物的韧性和冲击强度都得到提高。

2)脂环族胺类

脂环族胺类主要指氨基直接连接在脂环上的胺类。此类固化剂多数为低黏度液体,适用期比脂肪族胺类长,固化物的色泽优于脂肪族胺类和聚酰胺树脂类固化剂,耐候性优良。适用于室温固化的产品有异佛尔酮二胺(isophorondiamine,IPDA)等。

3)低相对分子质量聚酰胺树脂类

此类固化剂通常是指二聚酸(脂肪酸)与脂肪族多元胺缩聚而成的低相对分子质量聚酰胺树脂。此类固化剂挥发性小,基本无毒,对皮肤刺激性很小,与环氧树脂和颜(填)料相容性好,对基底的浸润渗透能力和黏接能力佳,其固化反应速率慢于脂肪族多元胺,固化收缩率小,可赋予固化物良好的机械强度、耐水性和耐化学介质性能等(胡玉明和吴良义,2004)。

室温固化一般使用胺值较高的聚酰胺树脂。目前使用最多的是由过量二乙烯三胺与脂肪族二聚酸反应所得的产物,这种结构的聚酰胺在室温下呈液态,有较低的玻璃化转变温度和较好的柔顺性,可室温固化。使用时,可用等质量(或等体积)的聚酰胺树脂与环氧树脂配合,设计等当量的双组分体系。此外,将其与其他胺类化合物配合使用,可降低聚酰胺树脂的黏度,调整固化反应速率,改善固化物性能。

4) 聚硫醇化合物类

聚硫醇化合物末端为巯基,单独使用时活性较差,在室温下反应极慢。聚硫醇化合物与叔胺、酚类等促进剂配合使用时,能在 $-20 \sim 0 ℃$ 快速与环氧树脂进行固化反应,因此被称为低温快速固化剂,实际使用时也可作为室温快速固化剂。需注意的是,其固化产物有效交联密度低、性能较差,因此限制了此类固化剂的应用范围,一般主要用于快速固化的场合(李桂林,2003)。

5) 潜伏性固化剂

潜伏性固化剂与环氧树脂混合后,通常在室温干燥条件下较为稳定,但当其处于加热、光、湿气或有水环境作用时,可引发固化反应。此类固化剂按反应原理不同可分为阳离子固化型、溶解固化型、热分解固化型、光固化型、潮湿固化型、分子筛吸附型及微胶囊型等(胡玉明和吴良义,2004)。在水利水电工程中,应用较多的为潮湿固化型的酮亚胺。它与环氧树脂混合后,在干燥密封条件下是稳定的,但当吸收空气中的湿气或水分后,会分解成胺,并与环氧基反应形成交联结构。此类固化剂的优点是在有水甚至水下也能呈现良好的黏接性能,不足之处在于固化速度较慢。

由于固化剂种类不同,与环氧树脂的反应速率不同,可操作时间、固化温度、固化后的性能等皆不相同,应根据工程应用目的、服役工况等实际条件加以选择。结合水利水电工程抗冲耐磨修补与防护处理需求,比较理想的环氧树脂固化剂应具备与环氧树脂混合后可操作时间较长,能常温固化,在潮湿及有水环境能固化,固化时发热少,固化后收缩率小,环保性和耐久性佳等特点。

基于上述要求,目前应用最广泛的环氧树脂室温固化剂多为脂肪族多元胺和低相对分子质量聚酰胺树脂等,如乙二胺、二乙烯三胺、703、T31、聚酰胺 650 和 651、810、CD_{32}、X-89A、酮亚胺等,除乙二胺、二乙烯三胺外,其余都适用于潮湿和水下固化。有时单独的一种固化剂不能满足工程需求和固化产品性能要求,可以采取同类固化剂复配的方式或传统固化剂改性的方式,来满足不同的工况要求和材料性能要求。例如,直链脂肪族多元胺一般为小分子伯胺或仲胺,室温下黏度较低,且易与双酚 A 型环氧树脂反应,相对掺量较低,有利于降低成本,但由于与环氧树脂反应产生的固化物较脆,一般不宜单独作固化剂使用,与之相比,聚酰胺树脂等高分子胺固化剂能在一定程度上改善环氧树脂的脆性,且黏度相对较高,气味小,毒性低,因此,可将直链脂肪族多元胺与低分子聚酰胺树脂配合使用。

3. 固化反应原理

环氧树脂中,环氧基的存在使其具有较好的反应活性,由于环氧基为三元环,张力大,易受亲核试剂或亲电试剂进攻而发生开环反应。环氧树脂分子骨架上的羟基(—OH)虽然具有一定的反应活性,但受空间位阻的影响,其反应程度较差。因此,环氧树脂主要通过结构中的环氧基团与固化剂中的活性基团发生反应而实现固化。

环氧树脂可以与脂肪族多元胺、聚酰胺树脂等多种固化剂发生反应,生成三维立体结构。无论是哪种固化剂,一般在固化反应初期固化度都低,形成的线形分子链有足够的自由度与参与反应的其他分子进行碰撞,这导致了高的反应速率;随着反应的进行,相对分子质量增加,体系达到凝胶状态,分子链活动性受到限制,反应速率下降,反应变为由自由扩散控制;在进入扩散控制的反应阶段后期,交联密度随固化时间的延长而增大;最终,反应趋向结束,形成网状结构。

下面介绍几种常见的室温固化体系的反应原理。

1) 环氧树脂-胺固化体系

环氧树脂与胺类固化剂的固化反应原理如图 3.4 所示。首先,伯胺与环氧基团发生反应生成仲胺,随后,仲胺的活泼氢与环氧基团进一步反应生成叔胺。

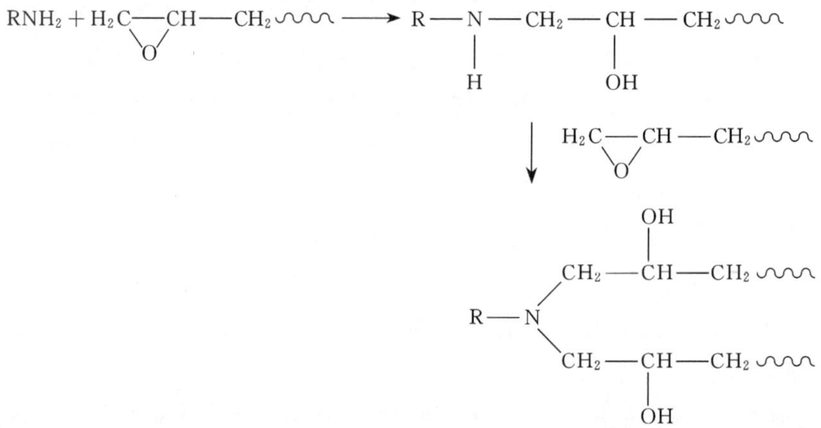

图 3.4　环氧树脂与伯胺的室温固化反应原理示意图

伯胺作为固化剂时,每一个伯胺氮原子可与两个环氧基反应生成一个叔胺基团和两个羟基。如果环氧基团过剩,则生成的羟基继续与环氧基团反应,直至生成体型大分子,如图 3.5 所示。

在环氧树脂-胺固化体系中,胺类固化剂的反应活性通常随着碱强度的增加而增强,随位阻效应的增大而减小,一般反应活性顺序为伯胺＞仲胺≫叔胺,脂肪族胺的反应活性通常高于芳香族胺,脂肪族胺高于脂环族胺。

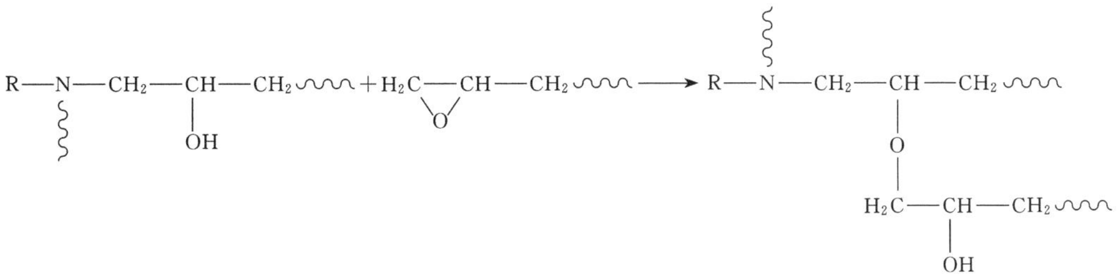

图 3.5　环氧树脂过剩的环氧基团参与固化反应的原理示意图

2）环氧树脂-聚酰胺树脂固化体系

环氧树脂与聚酰胺树脂类固化剂的反应原理与环氧树脂-脂肪族多元胺固化体系类似,主要利用聚酰胺结构中的氨基与环氧基发生加成反应。需注意的是,该固化体系易受空气中湿气或水分影响,会对黏接性能和固化产物性能产生不良影响。

3）环氧树脂-聚硫醇化合物固化体系

环氧树脂与聚硫醇化合物的室温固化反应原理如图 3.6 所示。在叔胺等促进剂存在时,聚硫醇的巯基(—SH)首先和叔胺反应生成硫醇离子,该离子继续和环氧树脂的环氧基团发生反应。另外,叔胺和环氧基在加热条件下可反应生成季铵化合物,该化合物也可与聚硫醇发生反应(胡玉明和吴良义,2004)。

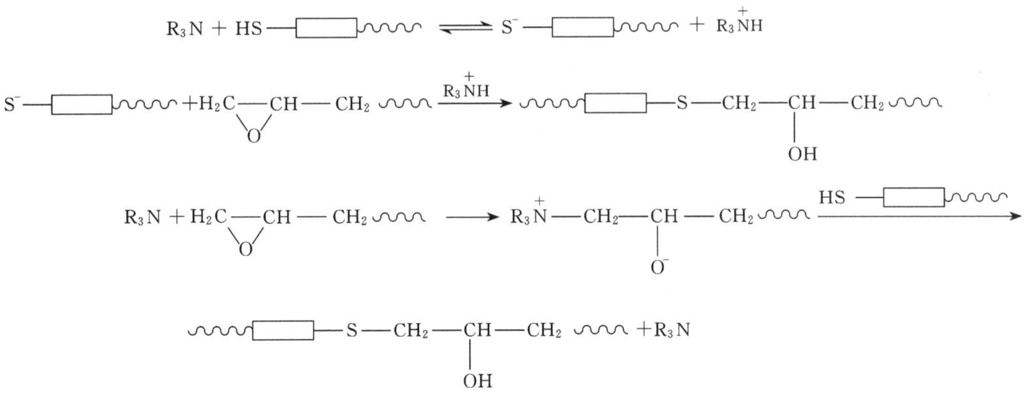

图 3.6　环氧树脂与聚硫醇的固化反应原理示意图

4）环氧树脂-酮亚胺固化体系

酮亚胺属于潮湿固化型的潜伏性固化剂。它与环氧树脂混合后在干燥密封条件下是稳定的,但当吸收空气中的湿气或水分后,酮亚胺会分解成胺(图 3.7),继而与环氧基反应形成交联结构。此固化体系反应较慢,通常用于单组分环氧材料,操作较为便捷。

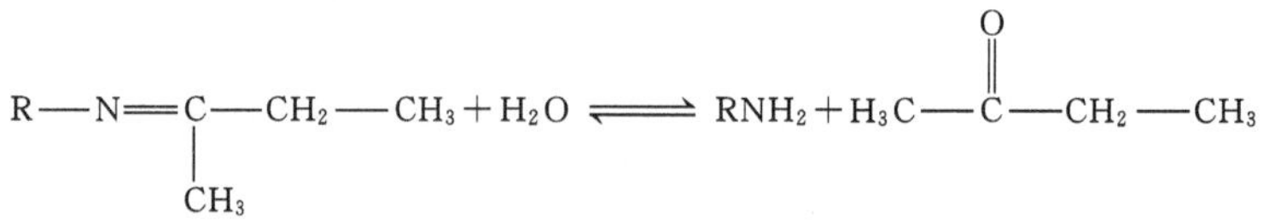

$$R-N=\underset{\underset{CH_3}{|}}{C}-CH_2-CH_3+H_2O \Longleftrightarrow RNH_2+H_3C-\underset{\overset{\displaystyle O}{\|}}{C}-CH_2-CH_3$$

图 3.7 酮亚胺遇水分解反应示意图

5）环氧树脂与固化剂配比

环氧树脂与固化剂配比、固化条件是决定环氧树脂固化反应是否彻底的两个重要因素。就大多数多元胺及改性胺固化剂而言，对环氧树脂的配比要求都比较宽泛，可依据其胺值大小来选择固化剂用量和环氧树脂与固化剂的配比，一般来说，胺值高的固化剂用量较少，而胺值低的固化剂用量比较高。

胺类固化剂的理论用量一般按化学当量反应计量，即每 100 g 环氧树脂所需胺类固化剂的质量（g）=环氧值×胺类固化剂相对分子质量/胺中的活泼氢个数。

在实际使用过程中，胺类固化剂实际用量应比理论值多 10%～20%；若用量过多，将会使高分子链迅速终止，降低了固化物的相对分子质量，影响其机械性能；若用量过少，则固化不完全并且易发脆，影响其机械性能。

6）固化速度调节方法

固化反应速率取决于环氧树脂和胺类固化剂的结构和浓度、催化剂和介质效应。一方面，可通过调整胺类固化剂中氨基的活性和数量，调节固化速度。另一方面，固化促进剂能加速环氧树脂固化，降低固化温度，缩短固化时间。因此，也可通过添加叔胺（如二甲基乙醇胺、四甲基乙二胺、三乙胺）、酚类（如苯酚、双酚 A、DMP-30）等各种促进剂，调节反应速率。促进剂可单独使用，也可改性处理或复配使用。不同促进剂的效果有所不同，如对于脂肪族多元胺来说，各种促进剂对固化体系反应加速效果的顺序依次为苯酚、三苯基膦、羧酸、醇、叔胺、聚硫醇，但这些添加剂不改变最后的反应程度。促进剂含量对固化反应速率也有显著影响（李桂林，2003）。

4. 溶剂的选择

溶剂（包括稀释剂）主要包括水和挥发性有机物两大类。主要用作溶解或分散介质，调节由环氧树脂、固化剂、颜（填）料及助剂等组成的复合体系的黏度和流变性能，使其具备良好的施工性能。涂布于基材上之后，溶剂应从体系中挥发掉，使固化物具有较好的物理机械性能。

溶剂的选择依据主要包括溶解能力、挥发性、闪点、毒性、价格等。如不良溶剂不利于树脂、颜（填）料复合体系的相容性和分散稳定性，会影响涂膜结构和应用效果；若选择的溶剂挥发太快，流平性不好，易产生涂层发白与起泡等不良现象。因此，溶剂的选择应遵循溶解度参数相似相溶的原则，同时还需平衡以下几方面：①重点要求快干、无流挂、无缩孔、无边缘变厚现象的工况,选择挥发快的溶剂;②重点要求流动性好、流平性好、无气泡、不发白的工况,选择挥发慢的溶剂(洪啸吟和冯汉保,2005)。

1) 常用溶剂与非反应性稀释剂

水是最环保、最便宜的溶剂,主要用于水性涂料体系,包括水溶性和水分散性体系。

有机溶剂主要包括脂肪族和芳香族碳氢化合物、醇和醚类、酯和酮类、氯代烃和硝基烃类。常用有机溶剂的挥发速率、比重、闪点、表面张力、沸程、折射率等数据见表 3.3,表中数据来源于 2015 年慧聪表面处理网发布的史上最全的《涂料工业常用溶剂参数表》。

表 3.3　常用溶剂参数表 [①]

溶剂名称	挥发速率	相对密度 (20 ℃)	闪点 TCC /℃	表面张力 /(mN/m)	沸程 760Torr /℃	折射率 (20 ℃)
丙酮	6.3	0.792	−20	22.3	55.5～57.1	1.3591
乙酸乙酯	4.1	0.901	−4	23.9	75.5～78.5	1.3718
丁酮	3.8	0.802	−9	24.6	79.6	1.3788
乙酸异丙酯	3.0	0.873	2	22.1	85～91	1.3772
甲基正丙酮	2.3	0.807	8	26.6	101～105	1.3902
正乙酸丙酯	2.3	0.889	13	24.3	99～103	1.3847
甲基异丁基酮	1.6	0.802	16	23.6	114～117	1.3958
乙酸异丁酯	1.4	0.870	21	23.7	112～119	1.3895
2-硝基丙烷	1.1	0.988	28	29.9	119～122	1.3944
乙酸正丁酯	1.0	0.883	27	25.1	122～129	1.3941
丙二醇甲醚	0.7	0.923	32	28.3*	120	1.4036
甲基异戊基酮	0.5	0.813	36	25.8	141～148	1.4078
乙酸甲基戊酯	0.5	0.858	36	22.6	146～150	1.4008
丙酸正丁酯	0.5	0.876	36	25.3	145～149	1.4040
丙二醇甲醚乙酸酯	0.4	0.970	46	26.4	140～150	1.3995
乙酸戊酯	0.4	0.876	41	28.5	146	1.4013
甲基正戊基甲酮	0.4	0.818	39	26.1	147～153	1.4080

---

① 慧聪表面处理网.2015.史上最全的《涂料工业常用溶剂参数表》[EB/OL]. http://info. pf. hc360. com/2015/11/110939527416. shtml

溶剂名称	挥发速率	相对密度 （20 ℃）	闪点 TCC /℃	表面张力 /(mN/m)	沸程 760Torr /℃	折射率 （20 ℃）
异丁酸异丁酯	0.4	0.855	40	23.2	145～152	1.3987
环己酮	0.3	0.948	44	27.7	155.7	1.4507
丙二醇单丁基醚	0.3	0.872	45	24.2*	151	1.4116*
丙二醇单丙基醚	0.2	0.886	48	27.0*	149.8	1.4121
乙二醇乙醚乙酸酯	0.2	0.973	54	28.2	150～160	1.4030
二异丁基甲酮	0.2	0.811	49	24.6	163～176	1.4150
乙二醇丙醚	0.2	0.913	49	27.9	149.5～153.5	1.4136
二丙酮醇	0.12	0.940	52	28.9	145.2～172	1.4234
3-乙氧基丙酸乙酯	0.12	0.950	58	27.0*	165～172	1.4074
乙二醇丁醚	0.09	0.902	62	26.6	169～172.5	1.4193
丙二醇丁醚	0.08	0.884	59	27.4*	170.2	1.4173
N-甲基吡咯烷酮	0.04	1.027	96	40.7*	202	1.469*
甲酸-2-乙基己酯	0.04	0.873	71	25.8	199～205	1.4201
辛基乙酸酯混合	0.03	0.875	77	26.0	186～215	1.420
乙二醇丁醚乙酸酯	0.03	0.941	71	30.3	186～194	1.4142
二丙二醇甲醚	0.02	0.951	79	28.8*	188.3	1.4205*
异佛尔酮	0.02	0.922	82	32.3	210～218	1.4781
二乙二醇甲醚	0.02	1.023	88	34.8*	191～198	1.4268
二乙二醇乙醚	0.02	0.990	91	32.2	198～204	1.426
二乙二醇丙醚	0.01	0.967	93	32.3	210～220	1.429
乙二醇己醚	0.01	0.889	82	—	208.1	1.429
二乙二醇乙醚乙酸酯	0.008	1.012	107	31.7*	214～221	1.422
二价酸酯	0.007	1.092	100	35.6	196～225	1.422*
二乙二醇丁醚	0.003	0.955	111	30.0	227～235	1.4316
乙二醇-2-乙基己醚	0.003	0.892	98	27.6	224～275	1.4361
二乙二醇丁醚乙酸酯	0.002	0.980	105	30.0	235～250	1.4239
丙二单苯基醚	0.002	1.063	116	38.1*	242.7	—
甲醇	3.5	0.792	10	22.6	64～65	1.3286

续表

溶剂名称	挥发速率	相对密度 （20℃）	闪点 TCC /℃	表面张力 /(mN/m)	沸程 760Torr /℃	折射率 （20℃）
乙醇	1.8	0.805	10	22.4	74～82	1.3614
异丙醇	1.7	0.786	13	21.3	80.8～83.8	1.3776
正丙醇	1.0	0.804	23	23.8	96～98	1.3856
2-丁醇	0.9	0.810	22	24.0	98～101	1.3972
异丁醇	0.6	0.803	29	22.8	106～109	1.3955
正丁醇	0.5	0.811	36	24.6	116～119	1.3993
甲基异丁基甲醇	0.3	0.805	39	22.8	130～133	1.4110
戊醇	0.3	0.814	—	23.8	127～137	1.4014
环己醇	0.05	0.947	—	35.1	160～162	1.4656
2-乙基己醇	0.01	0.833	73	28.7	182～186	1.4316
二氯甲烷	14.5	1.336	—	26.5	102～106	1.4242
全氯乙烯	2.1	1.618	—	32.3	249～252	1.5044
甲苯	1.9	0.871	7	28.5	228～233	1.4969
石脑油	1.6	0.753	7	—	244～282	1.4233
二甲苯	0.7	0.865	28	28.7	275～290	1.4983
100#溶剂油	0.29	0.873	42	29.0*	313～343	1.4993
150#溶剂油	0.06	0.895	66	30.0*	362～410	1.5083
200#溶剂油	<0.001	1.000	—	35.9*	439～535	1.5920
正庚烷	—	0.689	−4	—	98	—
SGSK-D40	—	0.783	38	—	158.4～184.8	—
SGSK-D60	—	0.808	64	—	185～220	—
SGSK-D80	—	0.814	85	—	210～243	—

注：挥发速率是相对于溶剂乙酸正丁酯的挥发速率；表面张力测试的温度为 20℃；* 标注部分表面张力和折射率数据的测试温度为 25℃；3-乙氧基丙酸乙酯表面张力数据的测试温度为 23℃；二价酸酯折射率数据的测试温度为 23℃

环氧树脂固化体系中，一般采用醇和芳烃或酮和芳烃的混合溶剂，但应注意尽量避免用醇，特别是伯醇，因为它们在室温下可与环氧基缓慢地发生副反应。

由于环氧树脂本身黏度很大，通常需要加入稀释剂以降低黏度，一般按环氧树脂质量的 10%～20% 掺入。常用的稀释剂如苯、甲苯、二甲苯、丙酮等属于非活性稀释剂，它们在固化过程中会挥发,引起较大的体积收缩,且因其本身不参与固化反应,用量有所限制,对降低黏度的作用有限。因此,一般很少采用此类非活性稀释剂,主要选择能参与固化反应的活性稀释剂。

2）反应性稀释剂

反应性稀释剂,又称活性稀释剂。在环氧树脂-胺固化体系中,反应性稀释剂多数为低相对分子质量环氧化合物,此类稀释剂可与胺类固化剂发生反应,从而参与固化过程,同时还可起到增韧的作用。

反应性稀释剂可分为单环氧基和多环氧基两类。

常用的单环氧基反应性稀释剂有环氧丙烷丁基醚(501)、环氧丙烷苯基醚(690)、烯丙基缩水甘油醚(500)、对甲酚缩水甘油醚、乙烯基环己烯甘油醚等。由于此类稀释剂是单官能度,可能终止缩聚反应,其用量应低于环氧树脂的 15%。

环氧丙烷丁基醚,即 501 环氧活性稀释剂,黏度极低,仅 0.002 Pa·s,分子内含醚键和环氧基,能与环氧树脂无限混溶,稀释环氧树脂效果好,固化时参与固化反应,形成均一体系,是最常用的环氧树脂活性稀释剂。一般用量为树脂质量的 10%～15%。

环氧丙烷苯基醚,即 690 环氧活性稀释剂,黏度为 0.07 Pa·s 左右,能与环氧树脂以任意比例混溶。与 501 相比,690 分子中含苯环,因而用 690 环氧树脂活性稀释剂制成的成品耐热性比用 501 的高。一般用量为树脂质量的 10%～15%。

常用的多环氧基反应性稀释剂有双缩水甘油醚(600)、乙二醇双缩水甘油醚(512)、甘油环氧(662)、间苯二酚双缩水甘油醚(680)等。此类稀释剂用量一般为树脂质量的 20%左右,最多可达 30%。

此外,还有一种糠醛-丙酮反应性稀释剂。糠醛和丙酮都是黏度很低的有机溶剂,在反应前可以用于降低环氧树脂的初始黏度,同时也能相互反应生成呋喃树脂,且可以和环氧树脂发生交联形成互穿网络结构。因此,此类稀释剂不仅可以降低固化体系黏度,提高对混凝土基底的浸润渗透能力,还可增加固化物韧性。糠醛-丙酮稀释剂用量一般为树脂质量的 5%～20%。

需注意的是由于反应性稀释剂中含有环氧基,能与固化剂反应,因而使用时需相应增加固化剂用量。

5. 颜(填)料的选择

颜(填)料的主要作用包括:①表面活性基团可以和树脂的大分子链结合形成交联结构,起到增强作用,一般粒子越细,增强效果越好;②溶剂型配方固化过程中常伴随体积收缩,产生内应力,影响附着,加入颜(填)料可以减少收缩,改善附着力;③提高体系黏度,并赋予很好的流变性能,如添加气相二氧化硅或膨润土可赋予触变性质;④改善耐候性,如炭黑既是黑色颜料,又是一种紫外吸收剂,可以改善耐紫外老化性能;⑤防腐蚀等功能作用;⑥降低光泽;⑦在树脂体系中加入一些不起遮盖和色彩作用的惰性颜料(如碳酸钙、滑石粉等)后不影响整体性能,但可增加体积,降低成本,因此这些惰性颜料又称为体积颜料,或者填料(洪啸吟和冯汉保,2005)。

常用颜(填)料及其选用要求如表 3.4 所示。

表 3.4　常用颜(填)料的种类及要求

种类		名称	作用	密度 /(g/cm³)	粒度要求 /目	质量分数/100 份环氧树脂		备注
(一) 惰性 颜料 (填料)		水泥	增稠,降低成本			50~150		
		轻质碳酸钙	增稠,降低成本,增白	2.9	>200	10~50		
		滑石粉	提高润滑性,降低成本	2.4~2.9	325	20~80		可用于溶剂型配方,在水性体系中易絮凝
		白炭黑	增稠,增加触变性			4~10		
		膨润土	增稠,增加触变性			30~60		溶剂型配方中常用季铵盐改性膨润土
		生石灰	吸水,降低成本	3.4	160~200	30~50		
(二) 白色 颜料		二氧化钛	提高黏附力,增白,提高介电、耐老化性能	4.3	>200	30~100		耐紫外老化性能佳
		锌钡白	增加黏度,降低收缩率	4.3	320	40~80		耐候性差,易泛黄
		氧化锌粉	提高黏接强度	5.6	>200	30~50		耐候性较好,可杀菌,但耐酸碱性差
(三) 黑色 颜料		炭黑	着色,提高耐紫外老化性能	1.8		30~100		
		石墨粉	着色,增强耐磨性、导热性和导电性	1.6~2.3	>250	20~80		
(四) 其他功能颜料(填)料	提高强度	玻璃纤维	提高强度和耐冲击性	2.6		10~40		
		石棉纤维	提高强度和耐热性			10~30		
		碳纤维	提高强度和耐烧蚀性	1.6~2.2		10~40		
		云母粉	提高强度、耐热性和吸湿稳定性,降低成本	2.8~3.4	325	20~25		
		陶土	提高强度,降低成本	1.98~2.02		30~90		
	提高硬度	石英粉	提高硬度,降低成本		2.2~2.6	>200	50~100	
		金刚砂	提高硬度		3.16~3.2		40~100	

续表

种类		作用	密度 /(g/cm³)	粒度要求 /目	质量分数/100 份环氧树脂	备注
（四）其他功能颜（填）料	改善黏接性能	氧化铝粉	提高黏接强度和硬度	3.7～3.9	>270	20～80
		氧化铁粉	提高黏接强度	3.23	>200	50～80
		瓷粉	提高黏接力			40～80
	提高耐久性	石棉粉	提高耐热性		>200	10～50
		三氧化二硼粉	提高耐热性	1.85		50～80
		三氧化二锑粉	提高耐热性	5.6	325	10～30
		五氧化二砷粉	提高耐高温、耐老化性	4.08		30～50
		三氧化二铬	提高耐腐蚀性	5.2		20～30
		二硫化钼	提高耐磨性	4.8		20～100

　　环氧树脂固化体系中常用的颜（填）料包括二氧化钛、水泥、石英粉、标准石英砂、砂石骨料、其他功能颜（填）料等。其主要作用是减少树脂用量，降低成本，降低固化收缩性，提高固化物的强度和耐磨性能，如加入滑石粉提高抗压强度和硬度，加入石墨粉提高耐磨性能等。颜（填）料的用量不能一概而论，总体要求是所有的颜（填）料都必须被环氧树脂润湿，同时应考虑填料品种、粒径级配、树脂与填料比例等因素对抗冲耐磨性能的影响，以获得最佳配方。此外，加入的颜（填）料应不含结晶水，最好呈中性或略带碱性，否则可能会与树脂或固化剂发生反应；颜（填）料的密度和环氧树脂也不能相差太大，否则易分层。

　　二氧化钛是最重要的颜（填）料品种，包括锐钛型和金红石型两种，其中金红石型二氧化钛折光指数最高，与聚合物的折光率相差最大，因此是最好的白色颜料。同时，纳米二氧化钛常用作紫外线屏蔽剂，可提高涂料的耐老化性能。需注意的是，由于纳米二氧化钛具备光催化活性，尤其是锐钛型纳米二氧化钛，用量过多时可能引起聚合物降解老化，导致粉化问题，因此使用时需经试验确定最佳用量，或在使用前先用二氧化硅和（或）氧化铝等进行预先处理。此外，由于二氧化钛表面常吸有水并呈酸性，易与环氧基发生反应，因此在双组分环氧配方中，最好将其加在胺类固化剂中，不宜加在含环氧树脂的组分中。

　　水泥作为颜（填）料时，一般选用与需防护修补的混凝土结构相同强度等级的普通硅酸盐水泥；若应用于湿度大或腐蚀性强等特殊环境时，可使用具有特殊性能的水泥，如快硬硅酸盐水泥、抗硫酸盐硅酸盐水泥和自应力铝酸盐水泥等。

　　骨料可选用清洁、坚硬、含泥量低的河沙或人工砂，砂子的粗细、级配和砂率均会影响抗冲耐磨强度。

　　可选择的硬质点粒状填料，包括陶瓷、金属粉、标准砂、金刚砂、石英砂、棕刚玉等（孟庆森和刘俊玲，1999）。不同种类填料在环氧树脂体系中的浸润性能及相应固化物的耐磨蚀性能差别很大。同种填料由于粒径大小不一、表面形状不一,其耐磨蚀性能也相差很大。一般滚圆或立方状颗粒比无规则尖角形和片状颗粒与树脂基体的结合强度高,利于提高材料的抗冲蚀能力;粒径太大容易产生过大的孔隙率,降低材料的抗蚀性能;粒径太小易形成团状缺陷,降低材料的抗磨性;因此,常选用 40～70 目石英砂和 100～200 目石英砂复配的填料。

功能型颜(填)料主要用于改变材料的施工性能、外观或力学性能。例如,石棉纤维和玻璃纤维可以提高环氧材料的冲击韧性与抗拉、抗弯强度;滑石粉、石英粉、砂子和小石可以提高抗压强度和硬度,同时降低成本;橡胶粉可以降低弹性模量,提高抗开裂能力;石墨粉、铸石粉、二硫化钼和石英粉可以提高耐磨性等。细粒径二氧化硅可用作消光颜料,用来降低光泽。聚烯烃粉末可改善涂料抗损坏性、光滑性、防水性、防吸尘性及抗压黏性等,同时具有较好的消光能力,尤其是聚丙烯微细粉末。聚四氟乙烯粉末表面能和摩擦因数均很低,可同时改善涂料的防水和耐磨性能。云母片和玻璃鳞片等可用作防腐蚀颜料。还有一些颜料可用作生物杀伤剂,如氧化锌用作防霉剂,氧化亚铜用于防污涂料等。

水利水电工程中,一般要求选用的填料与被黏接物混凝土性质相同或相似,因此主要选用水泥、石英粉、硅微粉、石子等。

6. 助剂

环氧树脂材料体系的助剂包括增韧剂、偶联剂、表面活性剂等。

未经改性的环氧树脂固化物一般呈脆性,当承受内应力或外应力时,易形成缺陷区并扩展成裂缝,导致固化物开裂。为了改善环氧树脂固化物的脆性,常需加入一定量的增韧剂。

增韧剂分非活性增韧剂和活性增韧剂。

非活性增韧剂大多为低黏度液体,不含活性基团,不参与固化反应,只起润滑作用。常用的非活性增韧剂有邻苯二甲酸二甲酯、邻苯二甲酸二乙酯、磷酸三乙酯、磷酸三丁酯等,一般用量为树脂质量的 5%～20%。随使用时间的延长,非活性增韧剂或慢慢挥发掉,失去增韧作用,甚至造成固化物变质或老化,或者虽然保留在固化物体内,但会对固化物刚度产生影响。因此,水利水电工程中较少使用非活性增韧剂。

活性增韧剂含有活性基团,既能与环氧树脂混溶,也能参与环氧树脂固化反应,提高韧性,不因时间延长而失去增韧作用。常用的活性增韧剂有奇士增韧剂、液体聚硫橡胶、液体丁腈橡胶、液体端羧(羟)基聚丁二烯橡胶、聚乙烯醇缩醛、聚氨酯、尼龙、低相对分子质聚酰胺和聚醚树脂等。水利水电工程中,最常用的为低相对分子质量聚酰胺树脂,如 650 和 600 等,掺量一般为树脂质量的 40%～60%。

偶联剂一般为硅烷类偶联剂,最常用的有 γ-氨基丙基三乙氧基硅烷(KH550)、γ-缩水甘油基丙基三甲氧基硅烷(KH560)、γ-甲基丙烯酰氧基丙基三甲氧基硅烷(KH570)等。

3.1.2　环氧基液

1. 组成及配方

环氧基液常用作抗冲耐磨修补或防护处理的封闭底漆,其配方设计应考虑以下要求:①黏度低,浸润渗透性能好;②合适的可操作时间;③能在潮湿、有水环境使用,具有较好的黏接性能和物理力学性能;④能与后续材料形成良好的黏接。

环氧基液主要由 A、B 两个组分构成。其中,A 组分为环氧树脂主剂,由 100 份环氧树脂、5~15 份活性稀释剂、适量增韧剂及少量偶联剂、表面活性剂等功能助剂组成。B 组分为固化剂体系,由 20~40 份室温固化剂、适量稀释剂和少量固化剂促进剂等组成。

2. 代表性产品

长江水利委员会长江科学院研发的 CW510 系列环氧基液由双酚 A 型环氧树脂、活性稀释剂、活性增韧剂、表面活性剂及固化剂等组成,主要包括 CW512 快反应型和CW511 慢反应型环氧基液,其性能参数如表 3.5 所示。该系列产品具有初始黏度低、表面张力小、浸润渗透能力佳、凝固时间可调、强度高、操作方便等优点,在有水、潮湿和干燥的基面上均可进行施工,主要用于水利水电工程冲磨破损部位的第一道修补,常用作环氧胶泥、环氧砂浆或环氧混凝土等抗冲耐磨材料的封闭底漆。

表 3.5　CW510 系列环氧基液性能参数

检测项目		CW511(慢反应型)	CW512(快反应型)
密度/(g/cm³)		>1.0	>1.0
初始黏度/(mPa·s)		<14.0	<16.0
可操作时间/h		>20.0	<8.0
胶凝时间/h		>80.0	<20.0
抗压强度(28 天)/MPa		>60.0	>55.0
抗剪强度(28 天)/MPa		>7.0	>7.0
抗拉强度(28 天)/MPa		>15.0	>15.0
黏接强度	干黏接/MPa	≥5.0	≥5.0
	湿黏接/MPa	≥4.0	≥4.0
抗渗压力(28 天)/MPa		≥1.6	≥1.6
抗渗压力比(28 天)/%		≥400	≥400

3.1.3　环氧胶泥

1. 组成及配方

环氧胶泥主要用作薄层抗冲耐磨修补材料,其配方设计应考虑以下要求:①良好的和易性和施工性能;②与干燥、潮湿、有水基面均能黏接牢固;③合适的可操作时间;④良好的抗冲耐磨性能;⑤耐候性好。

环氧胶泥是由环氧基液与粉状填料混合而成的 A、B 双组分材料。其中,A 组分为环氧树脂主剂,由 100 份环氧树脂、5～15 份活性稀释剂、适量增韧剂、300～600 份粉状填料及少量偶联剂、表面活性剂等功能助剂组成,常用的粉状填料有硅微粉、石墨粉等。B 组分为固化剂体系,由 20～40 份固化剂、适量稀释剂和少量固化剂促进剂等组成。

2. 代表性产品

长江水利委员会长江科学院研发的 CW710 系列环氧胶泥是由环氧基液与硅微粉等粉状填料混合而成的 A、B 双组分材料,其性能参数如表 3.6 所示。常规环境主要选用由双酚 A 型环氧树脂和低相对分子质量聚酰胺树脂固化剂组成的配方。对于长期暴露于光、热等老化环境的部位,可选用经耐候改性的配方,如选择氢化双酚 A 型环氧树脂和脂环族胺类固化剂组成的配方,并加入适量抗老化剂,由此获得的产品力学性能无显著变化,耐紫外加速老化时长可达 720 h 以上。

表 3.6　CW710 系列环氧胶泥主要性能参数

项目		性能参数
密度/(g/cm³)		1.6±0.1
可操作时间/min		≥45
固化时间/min		<240
抗拉强度(28 天)/MPa		≥16
抗压强度(28 天)/MPa		≥75
抗冲耐磨强度(72 h 水下钢球法)/[h/(kg/m²)]		>50
黏接强度	干黏接/MPa	>4.0
	湿黏接/MPa	>3.5

3.1.4　环氧砂浆

聚合物树脂砂浆是指用聚合物代替水泥作为胶结材料的聚合物树脂胶结砂浆。按树脂种类可以分为环氧砂浆、呋喃砂浆、不饱和聚酯砂浆、丙烯酸改性环氧砂浆等。因为环氧树脂来源丰富且成本相对较低,与混凝土、水工金属结构黏接力强,具有较好的耐水、耐酸、耐碱性能,且与其他树脂相比具有配方易调整和改性处理更为容易、适用性更为广泛等显著优点,所以环氧砂浆是目前水利水电工程中应用最多的聚合物树脂砂浆。本节主要介绍环氧砂浆的组成、性能特点及代表性产品。

1. 组成及配方

环氧砂浆主要用作薄层修补材料,其配方设计应考虑以下要求:①良好的和易性和施工性能;②与干燥、潮湿、有水基面均能黏接牢固;③合适的适用期或可操作时间,一般要求环氧砂浆从拌好到失去流动性的时间不少于 0.5 h;④良好的抗冲耐磨性能;⑤耐候性和抗冻性好。

一般来说,环氧砂浆由环氧基液与粉状填料、细骨料混合而成,其中环氧基液为颜(填)料总质量的 14%～22%。环氧砂浆配方大都为 A、B 双组分材料。A 组分为环氧树脂主剂,包括 100 份环氧树脂、10～20 份活性稀释剂、适量增韧剂、100～200 份粉状填料(硅微粉或水泥)、400～600 份细骨料(砂)及少量偶联剂、表面活性剂等功能助剂。B 组分为固化体系,包括 20～40 份固化剂,适量稀释剂和少量固化剂促进剂等。

表 3.7 为水利水电工程中常用的环氧砂浆配方。配方 1 和配方 2 使用的小分子多元胺,环保性不佳,目前已较少使用。配方 3～10 可用于潮湿或有水环境,目前主要采用此类配方的环氧砂浆。

表 3.7　水工建筑物常用环氧砂浆配方(魏涛和董建军,2007)

组分		配方(质量分数)									
		1	2	3	4	5	6	7	8	9	10
环氧树脂(E44 或 CYD-128)		100	100	100	100	100	100	100	100	100	100
稀释剂	低分子环氧活性稀释剂	10～20	10～20	10～20	10～20	10～20	10～20	10～20	10～20	10～20	10～20
增韧剂	不饱和聚酯 304 号	300									
	聚硫橡胶					10～30					
	邻苯二甲酸二丁酯		15～20								

续表

组分		配方（质量分数）									
		1	2	3	4	5	6	7	8	9	10
固化剂及促进剂	乙二胺		8~10								
	间苯二胺	15									
	DMP-30			1.5~2							
	聚酰胺 650			70~80							
	聚酰胺 651				50						
	酮亚胺					10~20					
	810 固化剂						30				
	MA 固化剂							30			
	CD32 固化剂								40~60		
	X-89A 固化剂									30	
	820 固化剂										40
颜（填）料	石英粉	100~150	100~150	100~150	100~150						
	生石灰或水泥					100~200	100~200	100~200	100~200	100~200	100~200
	中砂	600~750	600~750	450~600	600~750	500~600	500~600	500~600	500~600	500~600	500~600

2. 性能特点

环氧砂浆配方易调整，适用性广泛。通过调整固化剂种类和用量，可在不同环境（干燥、潮湿及有水，常温及低温）使用，固化时间大范围可调，且力学性能优异。

环氧砂浆等几种常用的聚合物树脂砂浆的性能参数如表 3.8 所示。

表 3.8　几种聚合物树脂砂浆的常用性能参数（卢安琪 等，2010）

项目	C40 高强水泥砂浆	聚合物树脂砂浆		
		环氧砂浆	丙烯酸改性环氧砂浆	不饱和聚酯砂浆
抗气蚀强度 /[h/(kg/m²)]	0.88	53.33	55.17	5.32
抗冲耐磨强度 /[h/(kg/m²)]	0.84	4.93	3.64	3.39

续表

项目	C40 高强水泥砂浆	聚合物树脂砂浆		
		环氧砂浆	丙烯酸改性环氧砂浆	不饱和聚酯砂浆
抗压强度/MPa	59.3	103.1	90.5	83.5
抗拉强度/MPa	5.3	19.7	17.6	14.5
抗冲击韧性 /(kg·cm/cm³)	4.3	50.7	46.4	30.3
热膨胀系数/(10^6℃$^{-1}$)	16	59	36	44

与普通水泥砂浆相比,环氧砂浆具有更好的密实性、防水性、抗渗性、黏接性、力学强度和抗冲耐磨性能(卢安琪 等,2010;张涛和徐尚治,2001)。与其他聚合物树脂砂浆相比,环氧砂浆的抗气蚀、抗冲耐磨及抗冲击韧性更好,且抗压、抗拉强度也更高,在其他方面也具有一定的优越性。例如,与呋喃树脂砂浆相比,尽管呋喃树脂成本更低,但呋喃树脂砂浆脆性较大,且配方不如环氧树脂多样化,无法满足多样化的应用需求;与不饱和聚酯砂浆相比,不饱和聚酯成本最低,黏度也较小,便于施工,但是其固化收缩大,只能在干燥条件下施工。

因此,环氧砂浆在水利水电工程中应用最早,也最为广泛。

3. 代表性产品

下面介绍几种能在水利水电工程潮湿、有水环境使用的代表性产品。

1) CW 系列环氧砂浆抗冲耐磨材料

长江科学院是较早把环氧砂浆用于水工泄水建筑物抗冲耐磨防护的单位之一,目前已开发了 CW710 系列常规环氧砂浆和 CW810 系列高耐候改性环氧砂浆,并成功应用于构皮滩、沙沱水电站等重点水利水电工程。

CW710 系列常规环氧砂浆是以双酚 A 型环氧树脂和低相对分子质量聚酰胺为主剂,配以硅微粉、水泥等粉料和细骨料制备得到的。CW710 系列产品主要包括普通环氧砂浆、高强环氧砂浆和弹性环氧砂浆,性能参数如表 3.9 所示。该系列产品固化快、强度高、与新老混凝土黏接良好、施工工艺简便,特别适用于非紫外辐照区域缺陷的快速修补,在有水、潮湿及干燥环境下均适用。其中 CW711-H 适用于水工泄水建筑物高速水流过流区,如溢流面、消力池、导流洞等部位,可作为高速过流区冲磨气蚀破坏修补材料和抗冲耐磨防护材料。CW712 具有一定的弹性,适合作为冲磨破坏部位的嵌缝材料和裂缝修补材料。

表 3.9　CW710 系列环氧砂浆主要性能参数

项目		CW711 普通环氧砂浆	CW711-H 高强环氧砂浆	CW712 弹性环氧砂浆
胶凝材料密度	A 组分/(g/cm³)	1.8±0.20	1.8±0.20	1.8±0.20
	B 组分/(g/cm³)	1.5±0.20	1.5±0.20	1.6±0.20
操作时间(20 ℃)/min		>45	>45	>45
固化时间(20 ℃)/min		约 200	约 200	约 200
抗渗压力(28 天)/MPa		>1.5	>1.5	>1.5
抗压强度(28 天)/MPa		>85	>100	>85
抗拉强度(28 天)/MPa		>15	>19	>17
拉伸变形率(28 天)/%		—	—	>2
抗冲耐磨强度(72 h 水下钢球法)/[h/(kg/m²)]		>50	>90	>70
黏接强度	干黏接/MPa	>4.0	>4.5	>4.0
	湿黏接/MPa	>4.0	>4.2	>4.0

CW810 系列高耐候改性环氧砂浆是以脂肪族环氧树脂和脂环族胺类为主剂,配以耐磨蚀介质及抗老化添加剂制备的高效抗冲耐磨材料。该产品主要性能参数如表 3.10 所示,具有耐候性好、抗冻性能佳、强度高等特点,适合西部高寒等强紫外辐照、大温差、冻融循环频繁等更为严苛的环境条件下使用。

表 3.10　CW810 系列环氧砂浆主要性能参数

项目		性能参数
胶凝材料密度	A 组分/(g/cm³)	1.9±0.10
	B 组分/(g/cm³)	1.6±0.10
操作时间(20 ℃)/min		>45
固化时间(20 ℃)/min		约 200
抗冲耐磨强度(72 h 水下钢球法)/[h/(kg/m²)]		>50
抗冻性(快冻法)		>F250
耐候性(紫外加速老化试验,2000 h)		不粉化
抗压强度(28 天)/MPa		>100
抗拉强度(28 天)/MPa		>19
黏接强度	干黏接/MPa	>4.5
	湿黏接/MPa	>4.0

CW710 和 CW810 环氧砂浆的使用方法如下。首先,进行基面处理。对于干燥基面,先除去浮尘和松脱骨料;对于有水或潮湿基面,先在修补部位混凝土表面涂刷一层环氧基液(厚度不超过 1 mm),环氧基液应充分浸润基底混凝土。随后,在处理好的基面上涂覆环氧砂浆,环氧砂浆 A、B 组分按比例混合后现配现用。最后,压实抹平,按要求养护至规定龄期。

2) NE-II 型环氧砂浆

中国水利水电第十一工程局研发的 NE-II 型环氧砂浆是以改性环氧树脂、新型固化剂、活性稀释增韧剂、特种添加料等为基料制成的高强度、抗冲耐磨损的新型修补材料(张涛 等,2010;张涛,2007;张涛和徐尚治,2001)。该产品已在小浪底、紫坪铺导流洞、三峡工程部分泄洪坝段得到成功应用。

NE-II 型环氧砂浆主要性能见表 3.11。

表 3.11 NE-II 型环氧砂浆主要性能参数(冯啸,2013)

项目	性能参数
抗压强度/MPa	$\geqslant 85.0$
抗拉强度/MPa	$\geqslant 13.7$
与混凝土黏接抗拉强度/MPa	> 4.0
抗冲耐磨强度/$[h/(kg/m^2)]$	7.6
抗冲击性能/(kJ/m^3)	2.1
抗压弹性模量/MPa	2150
热性膨胀系数/$℃^{-1}$	9.2×10^{-6}

NE-II 型环氧砂浆具有以下特点:

(1)具有良好的触变性能。静置状态下材料呈不易流动的凝胶态,即使涂抹在顶部或侧面等凹槽、坑洞内也不会产生变形、流挂等现象;当受到搅拌、挤压等作用时,材料呈良好的流动性,易于施工。

(2)具有良好的自流平性。施工中产生的缩孔、挂痕等缺陷在其固化过程中能够自动弥合,易于保证施工质量。

(3)力学性能优异,与混凝土黏接力强、相容性好,具有较低的弹性模量和热膨胀系数,柔韧性、抗裂性、抗冲击性能好,能抵御外力引起的变化,不易脆性破坏。

(4)无毒、无污染,有害物质含量均远低于国家标准规定的限量指标。

(5)材料使用时无须加热、不黏附施工器具,能够在干燥面、潮湿面及低温环境等各种条件下施工,施工简单,适用范围广。

3.1.5 环氧混凝土

聚合物树脂混凝土通常可分为聚合物树脂胶结混凝土和聚合物树脂浸渍混凝土。前者是用有机高分子聚合物代替水泥作为胶结材料的聚合物胶结混凝土,如环氧混凝土、呋喃树脂混凝土及不饱和聚酯混凝土等,此类材料在水利水电工程中已有大量应用。后者是将已硬化的混凝土经干燥、真空抽气处理后,浸入有机单体,在加热、辐射等条件下使混凝土孔隙内的单体发生聚合,由此获得的浸渍型混凝土具有强度高、抗渗和抗冻能力强、抗冲耐磨和耐腐蚀性能好、干缩和徐变小等优点,但是此法对施工工艺要求较高,在现场应用较少。

本节主要介绍以环氧树脂代替水泥作为胶凝材料的环氧树脂胶结混凝土。

1. 组成及配方

环氧混凝土是由环氧基液与粉状填料、细骨料、粗骨料按一定配比配制而成,其中环氧基液为颜(填)料总质量的 13%～20%。环氧混凝土配方由 A、B 双组分构成,其中 A 组分为环氧树脂主剂,包括 100 份环氧树脂、10～20 份活性稀释剂、适量增韧剂、100～120 份粉状填料(石英粉或水泥)、300～400 份细骨料(砂)、600～700 份粗骨料(石)及少量偶联剂、表面活性剂等功能助剂。B 组分为固化剂体系,包括 20～40 份固化剂、适量稀释剂和少量固化剂促进剂等。

粉状填料可选择粒径在 1～30 μm 范围内的石英粉、水泥等,且应是干燥的。填料的加入可以减少环氧树脂用量,也可以改善工作性能,如提高黏接性能、强度、硬度、耐磨性,增加热导率,减小收缩率和热膨胀系数等。

骨料可选择石英砂、玄武石、河砂、碎石、河砾石和人造轻骨料等,骨料最大粒径应小于 20 mm。为了减少胶凝材料用量,骨料密实度要大;为了确保骨料与环氧黏接牢固,骨料必须干燥,含水率应小于 0.5%,且不允许含有干扰固化反应的杂质。

通过调节粉状填料、粗细骨料的级配,可获得不同强度的环氧混凝土。

此外,在环氧混凝土的配制过程中,可根据实际应用需求加入适量的外加剂,以实现对硬化时长和工作性能的良好控制。为了改善环氧混凝土的强度、耐久性等综合性能,必要时也可添加短纤维、缩减剂、偶联剂、抗老化剂等,如为了改善填料、骨料与胶凝材料之间的黏接和相容性问题,可以选用适当的偶联剂改善界面黏接。

2. 性能特点

聚合物树脂混凝土的特点是强度高,抗冲耐磨性能好,与混凝土基底黏接好,在水中抗分散性能强,能够自流平、自密实。表 3.12 为几种常用的聚合物树脂混凝土的主要性能参数。

表 3.12　几种常用的聚合物树脂混凝土主要性能参数(蒋正武,2009)

项目	普通混凝土	聚合物树脂混凝土				
		呋喃	聚酯	环氧	聚氨酯	酚醛
密度/(kg/cm³)	2300~2400	2000~2100	2200~2400	2100~2300	2000~2100	2000~2100
抗压强度/MPa	0.0~60.0	50.0~140.0	80.0~160.0	80.0~120.0	65.0~72.0	24.0~25.0
抗拉强度/MPa	1.0~5.0	6.0~10.0	9.0~14.0	10.0~11.0	8.0~9.0	2.0~3.0
抗弯强度/MPa	2.0~7.0	16.0~32.0	14.0~35.0	17.0~31.0	20.0~23.0	7.0~8.0
弹性/(10⁴ kg/cm³)	20~40	20~30	15~35	15~35	10~20	10~20
吸水率/%	4.0~6.0	0.1~1.0	0.1~1.0	0.2~1.0	0.1~0.3	0.1~1.0

与普通混凝土相比,环氧混凝土可快速固化,抗拉强度、抗压强度、抗弯强度等均更高,且抗冲耐磨性能、抗冻、抗渗、耐水性、耐化学介质侵蚀性能良好,抗裂性能也明显优于普通混凝土。一般而言,环氧混凝土的抗冲击、耐磨损性能分别为普通混凝土的 6 倍、环氧砂浆的 2~3 倍;抗冲耐磨强度一般为高强水泥砂浆的 2~3 倍,抗气蚀强度为高强混凝土的 4~5 倍(蒋正武,2009)。

3. 代表性产品

CW750 系列环氧混凝土是长江水利委员会长江科学院自主开发的以环氧树脂为胶凝材料,配以一定级配的粗、细骨料和粉料制备的产品,主要包括一级配和二级配环氧混凝土。配合比如表 3.13 所示,使用的粗骨料抗压强度不低于 60 MPa,含水率小于0.5%,在实际使用过程中还应根据现场的气温、砂石料粒径开展现场试验,以确定合适的胶凝材料用量,并调整配合比。

表 3.13　CW750 系列环氧混凝土基本组成

材料	粗骨料	砂	粉料	环氧基液
用量/%	40~42	29~31	15~17	12~15

CW750 系列环氧混凝土的主要性能参数如表 3.14 所示,具有固化快、强度高、抗冲耐磨、抗气蚀性好等优点,与新老混凝土黏接良好,施工工艺简便,适合对较大范围的混凝土冲刷剥蚀破损部位进行置换和快速修补,可在有水、潮湿及干燥环境下施工。

表 3.14　CW750 系列环氧混凝土的主要性能参数

项目		性能参数	
		一级配	二级配
环氧基液密度	A 组分/(g/cm³)	1.06±0.1	1.06±0.1
	B 组分/(g/cm³)	1.06±0.1	1.06±0.1
操作时间(20 ℃)/min		>60	>60
固化时间(20 ℃)/min		约180	约180
抗渗压力(28 天)/MPa		>1.5	>1.5
抗折强度(28 天)/MPa		>20	>20
抗压强度(28 天)/MPa		>75	>70
抗拉强度(28 天)/MPa		>13	>10
抗冲耐磨强度(72h 水下钢球法)/[h/(kg/m²)]		>100	>100
黏接强度	干黏接/MPa	>3.5	>3.5
	湿黏接/MPa	>3.0	>3.0

　　通常,CW750 系列一级配环氧混凝土主要用于最大深度 5~15 cm 的冲坑填补,二级配环氧混凝土用于最大深度大于 15 cm 的冲坑填补,且环氧混凝土填补前需先在清洁干燥的基面上涂刷一层环氧基液,以保证环氧混凝土与老混凝土的黏接。另外,环氧混凝土常与环氧砂浆配合使用,可实现缺陷快速修补。

　　具体使用方法如下:首先,将混凝土破损部位凿开一定深度(大于 10 cm),周边垂直表面切除,对于破损较深的部位需植筋或加铺钢筋网;随后,在修补部位表面先涂刷薄层环氧基液,使其充分浸润混凝土表面;再将粗细骨料搅拌均匀,将环氧基液 A、B 组分按所需配比混合均匀后加入骨料;最后,将拌好的环氧混凝土置于需处理的部位,振捣、压实,表面抹平即可。

3.1.6　环氧树脂改性技术

　　从近年来环氧胶泥、砂浆和混凝土作为抗冲耐磨材料在水利水电工程中的应用情况来看,其综合性能还有待于进一步改善和提高,特别是在提高断裂韧性和抗裂性、改善环境适应性及快速易施工方面。为了使环氧类材料在有水、潮湿、强紫外辐照、冻融循环等严苛环境使用时仍能具有优异的黏接和抗冲耐磨性能,对环氧树脂的增韧和抗老化改性是研究重点。

1. 增韧

1）海岛结构

对环氧树脂增韧的研究始于 20 世纪 60 年代，Sultan 和 Mc Garry 用端羧基液体丁腈橡胶（liquid carboxyl-terminated butadiene-acrylonitrile rubber，CTBN）来改性环氧树脂，取得了很好的增韧效果（Sultan and Mc Garry，1973）。陆续又发现，还可以采用聚砜、聚醚砜、聚醚酮、聚苯醚等热塑性聚合物，液晶聚合物，无机刚性粒子及无机纳米粒子等对环氧树脂进行增韧。大部分研究仍是将具有柔性分子链的树脂或液态橡胶等添加到环氧树脂中，或把有活性端基的改性剂、有柔性分子链的固化剂加入环氧/固化剂体系，使环氧交联网络形成均相体系，这些手段虽然能使固化物脆性降低，但同时也损失了刚性和耐热性。因此，这些手段仍是以实现增柔为主，尚未真正实现增韧。

采用多相多组分高分子合金技术，制成具有"海岛结构"的环氧类材料，可实现增韧的目的。其技术核心是制备出具有特殊结构的多官能团增韧体系，并加入环氧树脂和固化剂体系中，互相混溶形成均相。在固化过程中，环氧树脂的细观结构（微米级结构）发生变化，由原来的单相态变成多相态，多官能团增韧体系在环氧树脂固化过程中离析出来，形成以环氧树脂为连续相、以微球状增韧剂（$0.1 \sim 10\ \mu m$）为分散相的两相结构，即"海岛结构"。用于"海岛结构"环氧树脂体系的增韧剂除了 CTBN 外，还可以是带活性基团的聚氨酯类、聚丙烯酸酯类、聚硅氧烷类、聚丁二烯类液体聚合物等。

"海岛结构"环氧砂浆与普通环氧砂浆配方和施工工艺相近，可在潮湿有水环境甚至低温环境施工，前者的优势在于它在断裂韧性、抗冲耐磨性能、抗裂性等方面获得大幅度提高。例如，中国水利水电科学研究院在普通环氧砂浆中加入 ZRJ 增韧剂，制成"海岛结构"环氧砂浆，断裂韧性提高 9～20 倍，抗高速含沙水流冲磨强度提高 46%，同时在 −20～80 ℃强化开裂实验中的抗裂性能也明显提高（买淑芳 等，2005）。长江水利委员会长江科学院在环氧树脂-胺固化体系中加入增韧剂 GXY 后，制备出具有常温、低温（0 ℃左右）均可固化，黏接和抗冲耐磨强度等力学性能高等优点的"海岛结构"双组分抗冲耐磨材料，该材料配制、施工操作简便，适应性强，能在潮湿面施工（王迎春 等，2009）。也正是基于在抗裂性和抗冲耐磨性上的优越性，"海岛结构"环氧砂浆可用于抗冲耐磨、抗裂性要求较高的水工建筑物，如溢洪道、泄洪洞等受高速水流或含沙水流冲磨部位的防护与修补。

关于"海岛结构"环氧树脂的增韧机理，已有很多学者展开了研究。孙以实等认为，弹性体增韧环氧树脂的增韧机理，不仅仅是增韧剂颗粒本身在材料开裂过程耗能，更重要的是"海岛结构"起到了调动环氧树脂分子网络发生取向、拉伸、变形、空洞化及产生微裂纹等许多耗能过程的作用，从而使材料的断裂韧性增大（孙以实 等，1988）。甘常林、金士九等学者研究发现，形成"海岛结构"会使材料的断裂韧性发生突变，当"海岛结构"中的分散颗粒是模量较低的弹性体时，可诱发环氧树脂基体发生屈服和塑性变形，从而大幅度提高断裂韧性(金士九,1999;甘常林和赵世琦,1994)。另外,增韧剂颗粒本身发生形变、撕裂对提高韧性也有贡献,尤其在环氧树脂固化物交联密度很高不易发生形变时,增韧剂的这种贡献占主导地位。以 CTBN 增韧颗粒为分散相,环氧树脂为连续相的多相态结构为例,受力情况下 CTBN 颗粒能使环氧网络发生局部剪切、屈服形变,诱发银纹和剪切带,银纹和剪切带的产生吸收大量能量,同时剪切带还能钝化,终止银纹,避免银纹发展成为破坏性裂纹,从而使环氧树脂固化物韧性改善(余剑英 等,2001)。

因此,可以认为多相多组分"海岛结构"环氧树脂材料的抗冲耐磨机理如下:当受到高速含沙水流冲刷时,在冲击、摩擦和切削力的综合作用下,一方面增韧剂颗粒本身在材料开裂过程耗能,另一方面"海岛结构"调动了环氧树脂分子网络发生取向、拉伸、变形、空洞化及产生微裂纹等许多耗能过程,避免材料的破坏,从而提高了材料的抗裂、抗冲耐磨性能。

2) 互穿聚合物网络技术

互穿聚合物网络技术能将两种或两种以上聚合物交叉渗透、机械缠结,起到"强迫互溶"和"协同效应"的作用;这种网络间的缠绕可明显地改善体系的相稳定性,实现聚合物综合性能优化的目的。例如,在普通刚性环氧树脂中添加韧性活性稀释剂的同时,再引入一定量的呋喃环结构,呋喃环通过部分开环及偶联作用与环氧树脂形成互穿网络结构,使得环氧材料不仅具有优良的韧性,还具有优异的耐腐蚀性。西安交通大学研究发现将聚氨酯与环氧树脂物理共混形成连续的两相互穿网络结构,可使改性环氧树脂的抗冲耐磨和气蚀能力提高 10 倍以上,获得具有优异黏接强度、弹性、耐磨性能和拉伸强度的材料(茅素芬和肖丽,1996)。王进龙等研发出了以聚氨酯、聚醚聚氨酯和环氧树脂形成的互穿网络为基体,以玻璃鳞片和纳米二氧化钛为填料的聚合物基复合材料,该材料不仅具有很高的黏接强度和优良的耐磨性能,同时具有较好的抗渗透性能和耐高温、耐蚀性能(王进龙 等,2010)。此外,也有研究人员发现,在交联结构中加入线形聚合物形成半互穿网络时,材料的断裂韧度将比普通的交联结构高出 2～5 倍(Jang et al.,1992)。

3) 其他手段

改善环氧树脂类材料韧性或弹性的方法还有许多种,包括环氧树脂结构改性、改变固化剂结构等。例如,对分子结构中的硬段和软段进行合理的裁剪设计,合成一种低黏度的柔韧性改性环氧树脂,使固化物不仅具有良好的黏接性能、耐化学介质性能,还具有高韧性和高延伸率;同时,选用热变形温度较高的脂环胺作为基料,并在胺分子上引入吸电子基团,合成具有低放热、低黏度、高韧性的一类新型环氧树脂室温固化剂,从而有效地降低固化过程中的温度内应力,避免在固化过程中产生微细裂纹(万雄卫 等,2007)。

此外,还可通过添加改性无机填料提高固化物的韧性。首先,填料表面的活性基团、不饱和键等可以与环氧树脂形成远大于范德瓦耳斯力的相互作用力,有效阻止裂纹在基体中扩展,从而起到增韧效果;其次,填料的加入可吸收一部分固化反应热,使固化物更加密实,力学性能更好;最后,填料的加入可使环氧树脂与混凝土之间的热膨胀系数更接近,改善了界面相容性,减少了界面破坏概率。但需注意的是,填料的用量应适当,过量填料可能导致环氧树脂抗冲耐磨强度下降,尤其是在高速含沙水流冲击下易发生磨损破坏。

2. 抗老化

环氧砂浆是常用的抗冲耐磨防护和修补材料,但是以双酚 A 型环氧树脂为原料的环氧砂浆在使用过程中常常面临耐紫外老化性能较差、开裂剥落等问题。目前,科研人员主要通过改变环氧树脂结构、添加有机抗老化添加剂和无机纳米材料等方法来提高环氧树脂材料的抗老化性能。

1) 环氧树脂改性

选用不同官能团的环氧树脂或不同类型的固化剂,都可改变环氧类材料的抗老化性能。

芳香族环氧树脂光稳定性较差,主要用作涂料中的底漆成膜物,或者用在非光照、弱光照部位。与之相比,脂肪族和脂环族环氧树脂则具有较好的光稳定性,常见的有丙三醇三缩水甘油醚(俗称甘油环氧树脂)、氢化双酚 A 型环氧树脂等。因此,在环氧类材料配方设计时,选择脂肪族或脂环族环氧树脂代替芳香族环氧树脂,可显著提高环氧材料的耐候性。

不同结构的芳香族环氧树脂,耐老化性能也有所不同。丁著明等比较了双酚 A 型环氧树脂和酚醛环氧树脂的耐紫外老化性能,实验结果显示双酚 A 型环氧树脂的氧化速度仅仅是酚醛环氧树脂的 1/8(丁著明 等,2001)。研究人员还发现在环氧树脂中引入耐热性好的苯环、萘环、芘环、蒽环等多芳烃结构,可提高环氧树脂材料的抗热老化性能。

Delor-Jestin 等研究了不同固化剂对环氧树脂固化体系耐老化性能的影响,无论是紫外加速老化试验还是 100 ℃ 条件下的热氧老化试验,酸酐类固化剂环氧树脂固化体系的耐老化性能都比胺类固化剂环氧树脂固化体系的耐老化性能好(Delor-Jestin et al.,2006)。

采用其他抗老化性能优异的聚合物对环氧树脂进行改性,形成互穿网络或半互穿网络,也是提高环氧树脂材料抗老化性能的重要方式。Lin 等向环氧树脂中引入双酚 A 环氧二丙烯酸酯,反应生成互穿网络结构,与原环氧树脂相比,经过长期紫外加速老化后,该互穿网络结构的环氧树脂抗冲击性能损失更小,断链现象更少,有更好的光稳定性(Lin et al.,1999)。Dan 等研究了环氧树脂和脂肪族聚氨酯形成的半互穿网络的耐紫外老化性能,测试比较了半互穿网络结构和原聚氨酯在老化过程中颜色、光泽度、与水的接触角、质量损失、保水率及化学成分的变化,结果表明半互穿网络聚合物耐紫外老化性能更好(Dan et al.,2012)。

此外,与酚醛环氧树脂、热致性液晶聚合物共混改性,都可以提高环氧树脂的耐热性。

2) 有机抗老化添加剂

提高高分子材料抗老化性能的传统方法是添加抗老化剂。抗老化剂主要包括抗氧化剂(如芳香胺、三烷基酚)、助抗氧剂(如二硫化物、亚磷酸酯)及光稳定剂(如炭黑、2-羟基二苯甲酮、邻羟基三嗪类及苯并三氮唑类)。

目前用于环氧树脂抗老化的添加剂主要有光稳定剂和抗氧剂。

光稳定剂抗光氧老化效果好、添加量小、使用方便,添加光稳定剂是目前最有效、最方便的提高聚合物材料抗老化性能的方法之一。光稳定剂分为光屏蔽剂、光吸收剂、猝灭剂、氢过氧化物分解剂、自由基捕获剂五大类,作用机理各有不同,而且各类光稳定剂种类繁多,选择适合环氧抗冲耐磨材料改性的光稳定剂和改性配方对提高环氧抗冲耐磨材料抗老化性能非常重要。

(1) 苯并三氮唑类紫外线吸收剂 UV-326,即 $2'$-($2'$-羟基-$3'$-叔丁基-$5'$-甲基苯基)-5-氯苯并三唑,结构式如图 3.8 所示。UV-326 呈淡黄的粉末结晶,无味,可有效吸收波长 $270\sim380$ nm 的紫外线。

(2) 二苯甲酮类紫外线吸收剂 UV-9,即 2-羟基-4-甲氧基二苯甲酮,其结构式如图 3.9 所示。UV-9 呈淡黄的粉末结晶,无毒,无味,可有效吸收 UV-A 和 UV-B,并且是一种优秀的抗变色添加剂。

图 3.8　UV-326 结构式　　　　　　　图 3.9　UV-9 结构式

(3) 光稳定剂 UV-970 是丁二酸与双(2,2,6,6-四甲基-4-哌啶基)癸二酸酯的聚合物,属于新一代的受阻胺类光稳定剂。UV-970 呈白色的结晶粉末,无毒,无味。

一种光稳定剂可能具有多种光稳定效应,而不同的光稳定剂可能出现协同或反协同作用。刘方通过添加苯并三唑类紫外吸收剂、受阻胺光稳定剂(自由基捕获剂)和钛白粉(光屏蔽剂)对 E-44 环氧树脂进行耐老化改性,并以此为基液研制出低收缩抗紫外环氧砂浆,经 4500 h 紫外加速老化试验后抗压强度保持率高达 93.9%,耐紫外老化性能非常好(刘方,2012)。宋波使用 2-(2-羟基苯)-苯并三氮唑对聚对苯撑苯并双噁唑(poly-p-phenylenebenzobisoxazole,PBO)纤维环氧树脂进行改性,结果显示,改性后材料的耐紫外老化性能显著改善,强度保持率由 29.2% 提高到 52.7%,特性黏度保持率由 72.0% 提高到 81.7%(宋波,2013)。王雅芳使用纳米氧化锌(紫外屏蔽、吸收)、受阻胺光稳定剂(自由基捕获)和紫外吸收剂对发光二极管(light emitting diode,LED)灯封装环氧树脂进行耐紫外老化改性,三种光稳定剂有协同作用,使 LED 灯寿命提高了 1.7 倍(王雅芳,2010)。

抗氧化添加剂可通过捕获和清除自由基、给电子、给质子、分解氢过氧化物和降低金属离子活性这五种方式阻止聚合物热氧老化。从作用机理可以看出,部分光稳定剂也可以有抗氧剂的作用,所以抗氧剂和光稳定剂也可以联合使用。抗氧剂主要包括胺类抗氧剂、受阻酚类抗氧剂、硫酯类抗氧剂、炭黑、生物类天然抗氧剂,广泛应用于橡胶、塑料、石油、树脂、食品等的抗氧化。

3) 无机纳米抗老化添加剂

纳米材料是指平均粒径在 100 nm 以下的材料。无机纳米材料是近些年来比较热门的抗老化添加剂,因其具有量子尺寸效应、宏观量子隧道效应、小尺寸效应、表面(界面)效应等特殊性质,对紫外线具有无选择性的宽波段强吸收作用,同时其本身具有很好的化学和热学稳定性,不易与高分子材料发生化学反应,因而其抗紫外能力具有持久稳定性。同时,纳米材料可以与环氧树脂基体之间形成化学键,界面结合更好。

常见的无机纳米抗老化添加剂有纳米氧化锌、二氧化钛、二氧化硅、三氧化二铁、笼型倍半硅氧烷、氧化铝、层状蒙脱土等。纳米氧化锌和纳米二氧化钛是研究最多的抗紫外老化添加剂(何小芳 等,2013)。纳米氧化锌和纳米二氧化钛的粒径小于紫外线波长,对入射紫外线有多级散射作用,可以有效地屏蔽紫外线;并且,纳米氧化锌和纳米二氧化钛都是半导体,电子吸收紫外线而发生跃迁,同时形成一个带正电的空穴,大多数电子-空穴对重新组合,并释放光或热量,对紫外线有吸收效应。李元庆分别用纳米氧化锌、纳米二氧化钛/二氧化硅复合粒子改性 LED 封装透明环氧树脂,发现纳米氧化锌改性 LED 封装环氧树脂有良好的可见光透明效果和紫外线吸收、屏蔽效果,使 LED 灯的使用寿命延长了76%;用纳米二氧化钛和二氧化硅制备的复合纳米粒子改性 LED 封装环氧树脂后,对紫外线有良好的屏蔽性,波长 800 nm 的可见光通过率高达 87%,LED 灯的使用寿命提高了34%(李元庆,2007)。Mailhot 等用纳米二氧化硅和有机黏土改性环氧树脂,发现纳米填料并不影响环氧树脂的光氧老化反应机制,但是可以降低氧化深度和试样表面黏性,二氧化硅和有机黏土都可以有效提高老化后环氧树脂的力学强度保留率,有机黏土改性效果比二氧化硅改性效果好(Mailhot et al.,2008)。

在环氧树脂中添加纳米材料形成纳米复合材料也是提高环氧树脂热稳定性的重要方式之一。Jin 等使用熔体共混的方法制备了纳米氧化铝环氧树脂复合材料和纳米碳化硅环氧树脂复合材料,固化动态热力学试验表明:两种纳米材料对环氧树脂固化都有催化作用,加快了固化过程;与纯环氧树脂相比,复合纳米材料的玻璃化转变温度升高了约10℃;随着纳米材料添加量的增加,复合纳米材料的玻璃态和橡胶态储存模量逐渐上升,热膨胀系数逐渐下降,材料热稳定性整体上升(Jin and Park,2012)。郑亚萍等将纳米二氧化钛、纳米氧化铝、纳米二氧化硅、层状黏土有机蒙脱土和海泡石经表面处理后与环氧树脂混合,固化形成环氧树脂纳米复合材料,研究发现,表面处理后的纳米材料在环氧树脂基体中分散良好,都可以不同程度地提高环氧树脂固化物的玻璃化转变温度,提高环氧树脂固化物的热稳定性(郑亚萍 等,2006)。

3.2　聚合物改性水泥基抗冲耐磨材料

聚合物改性水泥基抗冲耐磨材料是将水泥水化产物和聚合物共同作为胶结材料的一种产品,主要由分散于水中或溶于水中的聚合物掺入普通水泥砂浆或混凝土中配制而成。

聚合物改性水泥基材料按其骨料的配合组成可分为聚合物水泥混凝土、聚合物水泥砂浆和聚合物水泥灰浆。其中,聚合物水泥混凝土是以砂子和石为骨料,聚合物水泥砂浆仅以砂子为骨料,聚合物水泥灰浆则不含骨料。本节主要介绍在水利水电工程中更为常用的聚合物水泥砂浆和聚合物水泥混凝土。

3.2.1　基本原理

1. 聚合物的选择

聚合物改性水泥基材料中采用的聚合物可以是聚合物乳液、可再分散聚合物粉末、水溶性聚合物或液体聚合物(Ohama,1998)。

1) 聚合物乳液

聚合物乳液由均匀稳定分散在水中的聚合物微粒(直径 $0.05 \sim 0.5~\mu m$)组成,其固含量为 $40\% \sim 50\%$。常用的产品有丙乳、聚乙烯-乙酸乙烯共聚乳液(ethylene-vinyl acetate copolymer,EVA)、丁苯乳液、环氧乳液、苯丙乳液等。聚合物乳液掺入水泥砂浆或混凝土的方式十分简单,只需要在新拌砂浆或混凝土拌和过程中与其他组分一起加入即可,但在水灰比设计时需预先扣除乳液中的水含量。

2) 可再分散聚合物粉末

可再分散聚合物粉末是由聚合物乳液经过喷雾干燥得到的改性乳液粉末,具有良好的可再分散性,与水接触时重新分散成乳液,并且其化学性能与初始乳液完全相同。目前常用的产品有乙酸乙烯酯与乙烯共聚胶粉、丙烯酸酯与苯乙烯共聚胶粉、乙酸乙烯酯均聚胶粉、苯乙烯与丁二烯共聚胶粉等。可再分散聚合物粉末与乳液相比,具有易于包装、储存、运输等优点,尤其是能与水泥、砂等预拌并制成单组分产品,使用时直接加水即可。

3) 水溶性聚合物

常用的水溶性聚合物有纤维素醚、聚乙烯醇、聚丙烯酰胺等(Knapen and Gemert,2009),在配制过程中以粉末或水溶液的形式加入普通水泥砂浆或混凝土中。水溶性聚合物的优点是用量少,可以改善水泥浆体的流变性、和易性,优化水泥基材料孔隙结构,提高抗折强度等;不足在于固化产物耐水性不佳。

4) 液体聚合物

液体聚合物主要为聚合物树脂,如环氧树脂及不饱和聚酯树脂等,在配制过程中与硬化剂、促进剂一起加入水泥砂浆或混凝土中。

不同形式、不同种类的聚合物加入水泥基材料中,呈现的效果也各不相同。目前,以聚合物乳液应用最为普遍。当聚合物乳液掺量为水泥胶结材料的 $10\% \sim 20\%$(按固含量计算),便可改善水泥砂浆和混凝土的强度、黏接性、变形性、防水性和耐久性等性能。如

EVA 表面张力较低,对普通混凝土、砂浆、瓷砖、砖、钢材等各种表面均能有效浸润,由这种乳液配制成的聚合物水泥砂浆对上述表面均呈现较好的黏接性能;氯丁胶乳属于人工合成橡胶乳液,可在水泥水化产物表面形成具有一定弹性的膜,使用这种乳胶配制而成的聚合物水泥砂浆在抗拉和抗折强度上都有较大提高。

在实际工程应用中,应根据不同的使用要求,选用不同的聚合物。

2. 作用机理

普通水泥砂浆(混凝土)抗压强度高,但抗张和抗弯曲强度低,干燥收缩大,且耐化学介质性能较差。与之相比,聚合物改性水泥基材料属于有机-无机复合材料,既具有有机聚合物材料(如聚合物乳液)弹性高、延展性佳、防水效果好的优点,又具有无机材料(如水泥、无机填料)强度高、与潮湿基面黏接性能好的特点。

聚合物改性水泥基材料的作用机理主要有以下几方面(衡艳阳和赵文杰,2014;钟世云和袁华,2003):①聚合物有减水作用,可降低水灰比,改善水泥砂浆或水泥混凝土的工作性能;②聚合物在水泥基材料界面过渡区空隙中凝聚成膜,并与水泥水化产物形成互穿网络,提高密实性;③聚合物活性基团(如—OH、—COOH、—COOR 等)可以与水泥水化产物产生化学键合作用,改变纯水泥基材料以硅氧键为主的键型,增加有机碳氢键的键型,形成重叠交错的双套网络结构,改善界面间的结合,提高界面断裂能和韧性;④一方面聚合物膜弹性模量较小,可缓解水泥浆体内应力,同时可吸收外应力,减少微裂纹的产生,另一方面,聚合物膜通过降低水分移动的速度和数量减少微裂缝,微裂缝一旦形成,聚合物膜还可以起架桥作用抑制其发展,增强抗拉强度和断裂韧性,上述作用都可改善水泥基材料的抗冲耐磨和抗裂性能;⑤聚合物薄膜既能起到疏水的作用,又不会堵塞毛细管,使水泥基材料具有良好的疏水性和透气性;⑥聚合物膜的密封效应,可提高水泥基材料的抗渗性、抗化学性和抗冻融耐久性,以及抗弯强度、抗裂性、附着力、弹性和韧性,并减少黏接层的厚度。

总体来说,聚合物改性水泥基材料的优异性能及应用效果,主要取决于其原料的选择和用量(如聚合物、粉料组合、添加剂的应用等)、材料配方(如聚灰比、粉液比等)和施工方法(如涂覆养护、搅拌制度等)等。

聚合物的主要作用为改善水泥基材料在强度和耐久性方面的不足。例如,刘卫东等发现丙乳砂浆抗冲耐磨强度是空白砂浆的 2.85 倍,且同水灰比条件下,掺丙乳后砂浆的透水压力可提高 3 倍以上(刘卫东 等,2002)。Ohama 研究发现普通水泥砂浆的相对动弹性模量随冻融循环次数增加而迅速降低,而丁苯乳液、聚丙烯酸酯乳液、EVA 改性砂浆,聚灰比为 5% 以上时,300 个冻融循环后的动弹性模量基本没有降低(Ohama,1998)。

材料配方中最重要的控制参数为水灰比和聚灰比,这两个参数直接关系到聚合物改性水泥基材料的孔结构、综合力学性能和耐久性。例如,程红强等研究了丙乳砂浆的水灰比和聚灰比对综合力学性能的影响,发现随着丙乳掺量的提高,黏接性能、抗折强度和韧性逐渐提高,28 天抗压强度逐渐下降,随水灰比的增加,韧性减小(程红强 等,2010)。钟世云和 Sakai 等研究发现,在相同水灰比条件下,聚灰比对聚合物改性砂浆的抗压强度及抗折强度有影响,抗压强度随聚灰比增大单调减小,而抗折强度的变化则与聚合物品种有关(钟世云 等,2000;Sakai and Sugita,1995)。研究还发现,随着聚灰比的增加,丙乳改性砂浆吸水性下降,抗氯离子渗透性提高(谈慕华 等,1995;Saija,1995;Ohama et al.,1986)。

此外,养护制度对聚合物改性砂浆的抗折、抗压等力学性能有一定影响。对聚合物乳液改性砂浆最佳的养护制度是早期湿养护,以促进水泥水化到一定程度,然后再进行干养护,以利于聚合物成膜。

3.2.2　丙乳砂浆

丙乳砂浆是丙烯酸酯乳液水泥砂浆的简称,是目前最常用的聚合物改性砂浆。

1. 组成及配方

丙乳砂浆主要由丙乳、水泥、砂及适量水组成,配合比一般为水泥∶砂∶丙乳∶水＝1∶(1~2)∶(0.15~0.3)∶适量。针对混凝土表面剥蚀、介质侵蚀或金属锈蚀的修补,通常采用下限配合比;针对有防渗要求的裂缝、冲磨、空蚀等修补,采用上限配合比。

通常,丙乳固体含量为 39%~48%,水灰比为 0.4 左右,施工前应结合现场水泥和砂子特性,并根据施工和易性要求,通过试拌确定水灰比,应尽量选用小水灰比。砂浆用水总量应考虑丙乳中的含水量。

水泥宜采用强度等级不低于 32.5 的硅酸盐水泥或普通硅酸盐水泥,品质应满足现行国家标准的规定。

拌制丙乳砂浆的砂子最大粒径不得超过砂浆涂层厚度的 1/3,一般每层丙乳砂浆的厚度控制在 10 mm 左右,也就是砂子最大粒径不超过 3.3 mm。

丙乳砂浆一般初凝时间不少于 1 h,终凝时间不超过 12 h。

在聚合物乳液与水泥基材料的混合过程中,水化过程所释放的多价金属离子将对聚合物乳液的化学稳定性产生一定的影响,可能导致聚合物颗粒无法形成连续的聚合物网状结构(Plank and Gretz,2008;Wang et al.,2005;Afridi et al.,2003)。同时,搅拌时产生的剪切力可能影响聚合物乳液的机械稳定性。为了克服上述问题,以满足施工和易性的要求,在拌制聚合物乳液材料时必须加入稳定剂,一般采用表面活性剂。表面活性剂的掺入会产生大量微气泡,因此在掺入稳定剂的同时还需掺入消泡剂,并在满足上述化学、机械稳定性要求的前提下,取其最小掺量以降低成本。

2. 性能特点

丙乳砂浆中由于引入了聚合物相(丙乳),降低了水泥基材料的脆性,还起到了很强的减水作用,能够减少 40%~50% 的用水量。丙乳砂浆具有优异的密实性,弹性模量低、抗拉强度高、极限拉伸率高、黏接强度高,能承受较大振动、反复冻融循环、温湿度强烈变化等作用,与混凝土的热膨胀系数相近,具有优异的耐磨、抗冻、抗裂、防渗、防腐、抗氯离子渗透、耐老化和耐蚀性能,适用于复杂环境条件下水工混凝土结构的薄层表面修补(刘卫东 等,2002;林宝玉 等,1982)。

丙乳砂浆与普通水泥砂浆、其他种类聚合物改性砂浆的主要性能参数如表3.15所示(林宝玉和吴绍章,1998)。

表 3.15　几种常用聚合物改性砂浆的主要性能参数(林宝玉和吴绍章,1998)

项目	普通水泥砂浆	聚合物乳液改性砂浆种类			
		丙乳砂浆	氯丁胶乳砂浆	聚氯乙烯-偏氯乙烯乳液砂浆	丁苯胶乳砂浆
抗压强度/MPa	50	35.0～44.8	34.8～40.5	43.7	30.5
抗拉强度/MPa	5.5	7.3～7.6	5.3～6.7	6.2	—
抗折强度/MPa	10.7	13.5～16.4	8.2～12.5	13.4	7.0
极限拉伸/10^{-6}	228	558～900	—	—	—
抗拉弹性模量/10^4 MPa	2.6	1.65	—	—	—
收缩变形/10^{-6}	1271	430～530	700～730	普通水泥的60%	1110
与老砂浆黏接强度/MPa	1.4	2.9～7.8	3.6～5.5	4.4	5.3
渗水高度/mm	90	35	—	—	—
抗渗性能(承受水压)/MPa	—	1.5	1.5	1.5	1.5
磨耗百分率/%	5.38	3.97	—	—	—
快速碳化深度/mm	3.6	0.8(20天)	—	—	6.5(14天)
盐水浸后氯离子渗透深度/mm	>20	1.0	—	—	—
2天吸水率/%	12	0.8～2.4	2.6～2.9	普通水泥的60%	8.3
抗冻性(快冻循环)		>F300	50		50
试验资料来源	—	南京水利科学研究院	中国建筑技术发展研究中心	上海建筑科学研究院	安徽省水泥科学研究所

在相同流动度条件下,聚合物改性砂浆的韧性比普通水泥砂浆要好得多,断裂能是水泥砂浆的2倍以上。聚合物改性砂浆的耐磨性也随聚灰比的提高而增加,弹性模量因聚合物的加入而减小,变形能力则更大。

在各种聚合物改性砂浆中,丙乳砂浆性能最为突出。与普通水泥砂浆相比,丙乳砂浆的黏接强度提高2～5倍,极限拉伸率提高2～4倍,抗拉强度提高1.3～1.4倍,抗拉弹性模量降低,收缩变形小,抗裂性能显著提高,2天吸水率降低10倍,耐磨性、抗氯离子渗透性、抗碳化性大大提高。

此外,丙乳砂浆成本低,施工方便,可人工涂抹,也可机械喷涂,施工工艺简单,容易控制质量,并且适用于潮湿基面,与基础混凝土相容性好,温度适应性好,耐大气老化,使用寿命是普通水泥砂浆 3~5 倍。

因此,丙乳砂浆已被广泛应用于工业建筑、码头、桥梁、水闸、大坝等水工建筑物的局部修补和整体护面保护。用于表面修补时,采用厚度应根据修补部位的具体要求予以确定,一般为 2cm 左右,可按"丙乳净浆底涂＋丙乳砂浆＋丙乳净浆面涂"组合使用(蒋正武,2009)。

3. 代表性产品

CW720 系列丙乳砂浆是长江水利委员会长江科学院研制的具有自主知识产权的产品,主要性能参数如表 3.16 和表 3.17 所示。该产品无毒无害,无刺激性气味,具有良好的力学性能、耐候性、抗渗性、黏接性和优异的防水防腐效果,同时具有优异的抗冻性能和耐老化性能。

表 3.16　CW720 系列丙烯酸酯共聚乳液的性能参数

项目	性能参数
外观	乳白色水分散液
固含量/%	40±2
黏度(25℃布氏黏度计)/(mPa·s)	160~800
pH	7~10
凝聚浓度(0.5g/L CaCl$_2$ 溶液)	48h 无絮凝,无分层

表 3.17　CW720 系列丙乳砂浆的性能参数

项目	性能参数
抗压强度/MPa	43.7
抗折强度/MPa	16.9
抗拉强度/MPa	8.1
极限拉伸率/10^{-6}	720
黏接强度/MPa	6.5
抗渗压力/MPa	>1.5
磨损率/%	1.1
快速碳化深度(20 天 20%CO$_2$)/mm	0.8
2 天吸水率/%	0.7
抗冻性(快冻法)	>F250

　　此外,该产品施工工艺简便,主要采用手工涂抹方法施工。适用于水工建筑物冲蚀和冻融破坏部位的修补,包括混凝土蜂窝、孔洞、裂纹等缺陷的修补,以及混凝土、砖石结构和钢结构表面的防护和装饰。

　　该产品使用方法如下:首先,须清除混凝土基底的浮尘、浮浆、疏松层、油污等,必要时可用水清洗干净。其次,为了增加基底与丙乳砂浆之间的结合力,将丙乳与水泥按1∶2配成的净浆作为界面剂,涂刷一道净浆,待表面略干后(约15 min),刮涂丙乳砂浆。丙乳砂浆配合比应结合设计要求和实际工况予以确定,配制时应先将水泥、砂子拌匀,再加入丙乳及适量水,充分拌和均匀即可。丙乳砂浆一次配制数量不宜过多,一般应在30～60 min使用完毕。刮涂丙乳砂浆时,须朝一个方向压实,丙乳砂浆涂抹厚度一般为1～2 cm;对于立面施工应分两次涂抹,每次涂抹厚度为1 cm左右,间隔为上一层初凝以后。最后,待丙乳砂浆施工完毕24 h后,宜潮湿养护7天,再自然干燥21天,即可投入使用。

3.2.3　改性丙乳砂浆

　　通过对丙乳进行共聚改性,还可获得苯丙乳、硅丙乳等改性丙乳砂浆。

　　苯丙乳液是由丙烯酸酯与苯乙烯类单体共聚获得的共聚乳液。苯丙乳改性砂浆与丙乳砂浆相比,成本明显降低,耐水性和机械强度得到提高。孔祥明利用环境扫描电子显微镜研究苯丙乳液与水泥水化产物之间的作用,发现聚合物粒子在水泥颗粒表面迅速被吸附,砂浆的力学性能得到显著提高(孔祥明和李启发,2009)。Wong等发现用苯丙乳改性砂浆后,其韧性和耐磨性均有提高(Wong et al.,2003)。苯丙乳改性砂浆的主要缺点是结构中引入的刚性苯环,影响了分子链的柔韧性和伸展性。

　　硅丙乳液是由丙烯酸酯与有机硅单体共聚获得的共聚乳液。硅丙乳改性砂浆与丙乳砂浆相比,耐水、耐老化性能更佳。陈忠奎采用后交联技术,合成出硅含量高达30%的自交联硅丙乳液,性能测试表明,提高硅含量极大地增强了聚合物的稳定性、耐水性、耐溶剂性和热稳定性(陈忠奎 等,2004)。硅丙乳改性砂浆的主要不足在于其成本要高于丙乳砂浆,且耐磨性能未能进一步优化。

　　尽管苯丙乳液和硅丙乳液在建筑涂料等领域已得到广泛应用,但目前用于水工混凝土建筑物抗冲耐磨护面的材料仍然以纯丙乳液构成的丙乳砂浆为主。

3.2.4　聚乙烯-乙酸乙烯共聚乳液砂浆

　　EVA表面张力较低,对普通混凝土、砂浆等各种表面均能有效浸润,由这种乳液配制成的聚合物乳液改性砂浆具有较好的黏接性能,物理力学性能与丙乳砂浆相近,抗磨、抗渗、抗冻、抗碳化性能大幅提高,且原材料来源广泛,成本低,安全无毒,技术成熟。不足之处在于耐老化和耐沾污性能较差,采用该产品对老化混凝土进行抗冲耐磨修补时,需根据具体情况调整配方。

3.2.5 聚合物乳液混凝土

聚合物乳液改性混凝土是以普通混凝土为基础,加入聚合物乳液形成的新型混凝土。通常聚合物乳液用量为水泥胶结料的 10%~20%(以固含量计),水灰比为 0.3~0.4。施工前应结合聚合物种类及现场水泥和砂子特性,并根据施工和易性要求,确定实际配合比,且混凝土的用水总量应考虑乳液中的含水量。

聚合物乳液改性混凝土在物理力学性能、耐老化性能等多个方面均优于普通水泥混凝土。聚合物乳液具有一定的减水作用,使混凝土中的用水量减少,界面过渡区变得更为致密,因而减少了干缩,并提高了抗压、抗拉和抗弯强度。聚合物乳液中的表面活性剂和稳定剂可起到引入气泡的作用,适量的气泡有助于改善新拌混凝土的和易性和抗冻性。聚合物乳液在水泥和骨料表面形成一层膜,并与水泥浆体互穿基质,使得材料的黏接强度、抗拉强度、抗弯强度、断裂韧性、变形性能、耐水性、耐温度及湿度变化性能等方面均得到提高。此外,聚合物乳液改性混凝土的耐磨性高于聚合物乳液砂浆和普通水泥混凝土,且耐磨性高低取决于聚灰比,聚灰比高者通常耐磨性更好。

目前,聚合物乳液改性混凝土常作为修补工程的面层材料使用,也常用于厚度为19~50 mm 的截面部分,为修补部位提供新的高强耐磨表面,同时具有较好的耐候性(蒋正武,2009)。

无论是聚合物乳液改性砂浆还是改性混凝土,均面临如下问题:①各组分之间的相容性问题,尤其是聚合物乳液与水泥之间的适应性问题,以及粉料/液料体系的稳定性和匀质性问题(粉料/液料界面相容性问题),上述因素直接关系到聚合物改性水泥基材料的物理力学性能;②长期处于潮湿或有水环境,聚合物改性水泥基材料可能逐渐出现吸水溶胀甚至老化现象,导致强度和附着力下降,甚至出现鼓泡、脱粘、剥落等现象,抗冲耐磨功能逐渐减弱甚至丧失;③实际使用时多为立面和顶面施工,易出现流挂现象,触变性较差。因此,针对上述不足,仍需进一步优化此类材料的综合性能,完善应用工艺。

3.3 聚脲抗冲耐磨材料

聚脲抗冲耐磨材料是由异氰酸酯、氨基化合物(包括端氨基聚醚和氨基扩链剂)、耐磨填料及其他助剂配制而成的一种弹性材料。按化学结构可分为芳香族、脂肪族及聚天冬氨酸酯聚脲;按组成可分为双组分和单组分聚脲;按工艺可分为喷涂、刷涂、辊涂和刮涂聚脲。

这些聚脲产品可直接用于水利水电工程混凝土的表面抗冲耐磨防护,也可作为耐磨、耐候性面层,涂覆于高性能混凝土、聚合物树脂砂浆等防护或修补层表面,进一步改善耐磨蚀效果。

以下将分别介绍聚脲类抗冲耐磨材料的基本原理,常用的双组分喷涂聚脲、双组分聚天冬氨酸酯聚脲、单组分聚脲及配套的界面剂等。

3.3.1　基本原理

1. 异氰酸酯的选择

异氰酸酯可以是多异氰酸酯单体、衍生物、三聚体及异氰酸酯封端的预聚物或半预聚物。一般将异氰酸酯含量低于12%的聚合反应产物称为预聚物,将异氰酸酯含量为12%~15%的聚合反应产物称为半预聚物。

多异氰酸酯单体可分为芳香族、脂肪族两大类。常用的芳香族多异氰酸酯单体有甲苯二异氰酸酯(toluene diisocyanate,TDI)和二苯甲烷二异氰酸酯(diphenylmethane diisocyanate,MDI)。脂肪族(包括脂环族)多异氰酸酯单体有1,6-六亚甲基二异氰酸酯(1,6-hexamethylene diisocyanate,HDI)、异佛尔酮二异氰酸酯(isophorone diisocyanate,IPDI)、苯二亚甲基二异氰酸酯[m-xylylene diisocyanate,XDI]、4,4'-二环己基甲烷二异氰酸酯[methylene-bis(4-cyclonexylisocyanate),H_{12}MDI]等。其中芳香族多异氰酸酯单体的反应活性高于脂肪族和脂环族,但芳香族产品在光照下容易发生黄变,脂肪族光稳定性更佳。

多异氰酸酯单体在使用时主要存在两方面问题。一是活性太高,不利于长期稳定贮存,如MDI在室温会发生缓慢自聚,导致产品变黄变浑浊,影响固化物性能,因此使用前应储存于15℃以下密闭环境,或添加有效的稳定剂。二是挥发性和毒性问题,除了MDI、IPDI和H_{12}MDI等产品外,其他具有较大挥发性和较高蒸气压的多异氰酸酯单体一般不直接使用,尤其是TDI和HDI因蒸气压较高、挥发性大、毒性强,几乎无人直接使用。

为了克服上述问题,可对多异氰酸酯单体进行改性或聚合处理,使其成为相对分子质量更高、蒸气压更低、无毒或毒性较小的异氰酸酯衍生物、预聚物或半预聚物。芳香族聚脲配方中,应用最为广泛的是MDI衍生物及其预聚物。通过将MDI与聚醚多元醇(如聚氧化丙烯醚多元醇)反应,合成MDI预聚物,既可以进一步降低蒸气压和挥发性,又可提高其存储稳定性及与其他原料的相容性。脂肪族聚脲配方中,常用的主要有HDI与水缩合反应生成的HDI缩二脲多异氰酸酯,HDI三聚体,以及IPDI与聚醚多元醇或端氨基聚醚反应生成的半预聚物。上述三种脂肪族(半)预聚物特别适用于制备高耐候性的聚脲产品,尤其是 HDI 三聚体,综合性能最优。HDI 三聚体虽然耐候性不如 IPDI 三聚体,但其反应活性高于 IPDI 三聚体;同时,其黏度比 HDI 缩二脲多异氰酸酯更低,所需溶剂更少,且储存稳定性也更好,在保持良好耐光性的同时,有利于提高固化物硬度,长链的存在有助于改善柔顺性。目前,HDI 三聚体主要用于制备高固体分的聚天冬氨酸酯聚脲。

　　下面介绍几种重要的异氰酸酯,其名称及化学结构见表 3.18。

表 3.18　重要的异氰酸酯名称及结构

名称	化学结构式
TDI	
MDI	
多亚甲基多苯基多异氰酸酯(polymethylene polyphenyl polyisocyanate,PAPI)	$(n=0,1,2,3,\cdots)$
HDI	
HDI 缩二脲多异氰酸酯	

名称	化学结构式
HDI 三聚体	
IPDI	
IPDI 三聚体	
XDI	
H$_{12}$MDI	

TDI 具有强烈的刺激性气味,蒸气压较高,挥发性大,毒性较大。常用的产品牌号有 TDI-65、TDI-80、TDI-100。

MDI 常温下为液体,挥发性较小,蒸气压较低。由于在室温下长期储存会发生自聚,应在 15 ℃以下或添加稳定剂储存。MDI 及其衍生物、预聚物主要用于制备芳香族喷涂聚脲。

常用的产品有烟台万华化学集团股份有限公司的 MDI-50、MDI-100 等,以及美国亨斯迈公司的 Rubinate® 系列预聚物产品。

PAPI 是 MDI 和聚合 MDI 等的混合物,其中 MDI 占混合物总量的 50%,其余则是三官能度、平均相对分子质量为 350~420 的低聚合度异氰酸酯。常用的产品有烟台万华的 PM-200、PM-300、PM-400 等。

HDI 属于典型的脂肪族异氰酸酯,反应活性低于芳香族异氰酸酯,可赋予产品良好的光稳定性和保色性。但因其蒸气压高、挥发性大,且遇水易分解,有毒性,一般不直接使用,主要采用 HDI 缩二脲多异氰酸酯和 HDI 三聚体。

HDI 缩二脲多异氰酸酯为低聚缩二脲,黏度低(低至 1.4 Pa·s),可赋予产品良好的保色性和耐候性。常用产品有拜耳公司的 Desmodur N-75(固含量 75%)和 Desmodur N-100(固含量 100%)。

HDI 三聚体,黏度比 HDI 缩二脲更低(低至 1 Pa·s),可赋予产品更好的耐候性、保色性,以及较高的硬度,适用于长期户外耐久性的材料。目前 HDI 三聚体主要用于制备聚天冬氨酸酯聚脲。常用的产品有拜耳公司的 Desmodur XP-7100、Desmodur N-3300、Desmodur N-3600 等。

IPDI 属于脂环族异氰酸酯,反应活性低于芳香族异氰酸酯,蒸气压比 HDI 低,可直接使用或以预聚物形式使用。IPDI 主要用于制备脂肪族聚脲,可赋予产品优异的光泽度、耐候性和耐化学介质腐蚀性能。

IPDI 三聚体为浅黄色透明液体,固含量一般是 70%,NCO 质量分数在 12% 左右。其反应性低于线性脂肪族二异氰酸酯,在室温下固化缓慢,适用期可达 24~72 h。可加入二月桂酸二丁基锡提高其反应性,用量为固体分的 0.01%~0.1%。能溶于烃类溶剂,而且能与大多数树脂混溶。

XDI 反应活性比 HDI 高,易固化凝胶,耐光性接近脂肪族异氰酸酯,不易黄变,且蒸气压较低,毒性小,易溶于芳烃、酯、酮等有机溶剂。

$H_{12}MDI$ 俗称氢化 MDI,胺当量 131,反应活性低于 HDI 和 IPDI,挥发性低于 HDI,可以直接使用游离的单体,但不适用于喷涂体系。

还有一类封闭型异氰酸酯,如丁酮肟、己内酰胺、丙二酸二乙酯等封闭的异氰酸酯,在室温、干燥、封闭等条件下可以稳定储存,但是在受热、遇水或潮湿条件下,会与氨基化合物发生固化反应。此类异氰酸酯主要用于制备单组分聚脲。

2. 室温固化剂的选择

固化剂一般为氨基化合物,主要包括氨基扩链剂和端氨基聚醚。

1) 端氨基聚醚

端氨基聚醚是一类具有柔软的聚醚骨架,末端以氨基封端的聚环氧烷烃化合物,也可以称为聚醚胺或聚醚多元胺。根据氨基基团中氢原子被取代的个数,可分为伯氨基、仲氨基和叔氨基,其中以叔氨基为端基的聚醚没有反应活性,某些低相对分子质量产物只能用作溶剂。根据端氨基相连烃基结构的不同,端氨基聚醚可以分为脂肪族和芳香族两类。芳香族端氨基聚醚反应活性稍低,适用于制备反应注射成型聚脲;而脂肪族端氨基聚醚黏度更低,反应活性也更高,更适用于制备喷涂聚脲。

喷涂聚脲常用的端氨基聚醚包括端氨基聚氧化丙烯醚和端氨基聚氧化乙烯醚等,如聚氧乙烯二胺、聚氧丙烯二胺、聚氧乙烯/氧丙烯二胺、聚氧丙烯三胺、聚四甲撑醚二胺等。目前商业化的产品主要为三官能度的 T 系列及双官能度的 D 系列,分子结构如图 3.10所示,主要性能参数如表 3.19 所示。代表性产品有美国亨斯迈公司的 Jeffamine T5000、Jeffamine T403、Jeffamine D2000、Jeffamine D400、Jeffamine D230 等,以及巴斯夫公司的 T403、D230、D400 和 D2000 等;国内的无锡阿科力、扬州晨化和烟台民生等公司也有端氨基聚醚产品。在所有牌号产品中,双官能度的 D230 是最重要的产品,年产量最高。

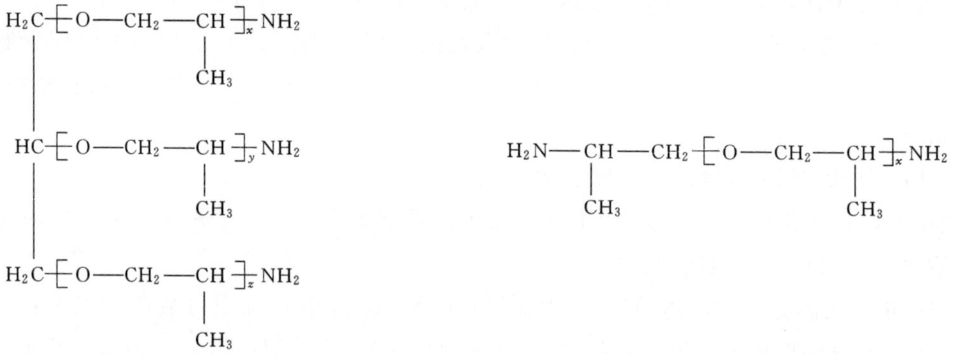

(a) T 系列　　　　　　　　　　　　　　　　(b) D 系列

图 3.10　端氨基聚醚分子结构示意图

表 3.19　常用端氨基聚醚的性能参数

产品牌号	D230	D400	D2000	T403	T5000
相对分子质量	230	400	2000	403	5000
官能度	2	2	2	3	3
相对密度(20 ℃)/(g/cm³)	0.948	0.970	0.996	0.981	0.997
沸点/℃	>200	>200	>200	>200	>200
闪点/℃	121	163	185	196	213
黏度(25 ℃)/(mPa·s)	5~15	15~30	150~400	50~100	500~1000
折射率	1.4466	1.4482	1.4514	1.4606	1.4610
总胺值/(mg KOH/g)	440~500	220~273	52~59	322~390	27~31
活泼氢当量/(g/eq)	60	115	514	81	952

端氨基聚醚沸点高、蒸气压低、毒性小。由端氨基聚醚制得的聚脲弹性体强度高、延伸率大、耐机械摩擦、耐化学腐蚀和耐老化性能好。

2）氨基扩链剂

氨基扩链剂通常是芳香族或脂环族的二元胺。芳香族二元胺，如二乙基甲苯二胺（diethyltoluenediamine，DETDA）和二甲硫基甲苯二胺（dimethyl thio-toluene diamine，DMTDA），反应活性较为温和，并能赋予聚脲产品良好的物理力学性能，目前在喷涂聚脲体系中应用最为广泛。脂肪族或脂环族二元胺，如 IPDA（isophorondiamine）反应活性较高，与异氰酸酯反应剧烈，反应速率很快，较难控制。

常用的二胺类液体扩链剂分子结构及主要特性如表 3.20 所示。

表 3.20　常用的二胺类液体扩链剂结构及主要特性（黄微波，2005）

名称	化学结构式	相对分子质量	官能度	黏度 /(mPa·s)	密度 /(g/cm³)
DETDA		178	2	280（20 ℃）	1.022（20 ℃）
DMTDA		214	2	690（20 ℃）	1.208（20 ℃）
DBMDA		310	2	115（38 ℃）	0.996（20 ℃）
IPDA		170	2	18（20 ℃）	0.920～0.925（25 ℃）

DETDA 为澄清的琥珀色透明液体，由 3,5-二乙基-2,4-甲苯二胺和 3,5-二乙基-2,6-甲苯二胺两种主要异构体组成。DETDA 与异氰酸酯预聚物的反应速率快，初始强度高，保色性好，主要用于芳香族喷涂聚脲，有助于提高涂膜的拉伸强度、耐冲击性。常与位阻型仲胺类扩链剂（如 N,N′-二烷基甲基二苯胺）配合使用，延长胶凝时间，改善黏接性能和

表面流平性能。主要产品有美国雅宝公司的 Ethacure100。

DMTDA 为澄清的琥珀色透明液体，由 3,5-二甲硫基-2,4-甲苯二胺和 3,5-二甲硫基-2,6-甲苯二胺两种异构体组成，比例为 80∶20。DMTDA 与异氰酸酯预聚物的反应速率比 DETDA 慢，常与 DETDA 配合使用，提高表面流平性。DMTDA 有刺激性气味，且在日光照射下容易发生黄变现象，因此不适用于室内等通风不良的场合，也不适用于室外对保色性要求较高的工况。主要产品有美国雅宝公司的 Ethacure300。

N,N'-二烷基甲基二苯胺（4,4'-methylenebis[N-sec-butylaniline]，DBMDA）是一种位阻型仲胺类扩链剂，与异氰酸酯的反应速率比芳香族液体胺类扩链剂慢，可单独使用，也可与 DETDA 配合使用。使用 DBMDA 制备聚脲，可改善表面流平性，同时降低固化物硬度，提高抗冲击性和低温性能。主要产品有美国 UOP 公司的 Unilink 4200 和烟台万华的 Wandalink 6200 等。

IPDA 是一种脂环族二胺，无色，轻微氨味，黏度低。IPDA 与异氰酸酯的反应速率比 DETDA 快，主要用于制备脂肪族喷涂聚脲，获得的聚脲收缩率小，力学性能、光稳定性、耐化学药品性好。主要产品有德国 BASF 公司的 IPDA。

由于芳香族异氰酸酯与一些脂肪族端氨基聚醚、液体胺类扩链剂反应速率太快，凝胶时间小于 10 s，涂层与基底及涂层之间的黏接性能不佳，表面流平性差，涂层内应力大等。因此，可考虑使用位阻型仲胺类扩链剂或仲氨基聚醚，降低反应速率，改善黏接性能和表面流平性能。

聚天冬氨酸酯（polyaspartic ester，PAE）是一种特殊结构的脂肪族仲胺类扩链剂（图 3.11），其活性基团氨基处于空间冠状位阻包围的环境，与异氰酸酯反应速率远远低于传统的芳香族和脂肪族胺类扩链剂。PAE 为 100％固含量的液态扩链剂，且黏度很低，当 PAE 与 HDI 三聚体反应时，可获得高固含量（70％～100％）、具有优异耐候性的聚天冬氨酸酯聚脲。当 PAE 的 X 被不同结构的基团取代时，可用于调控反应活性和胶凝时间。

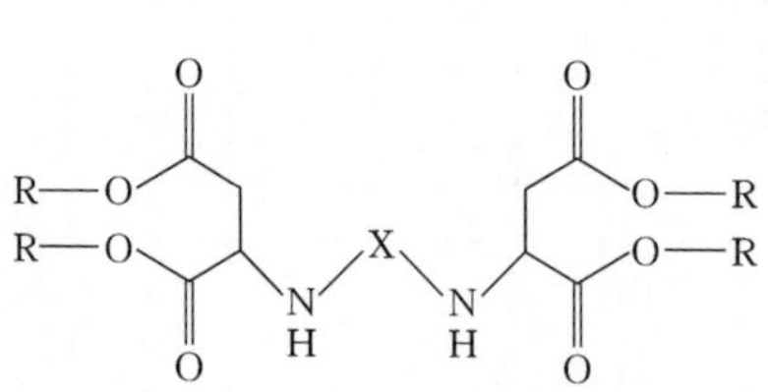

图 3.11　PAE 分子结构

表 3.21 中为拜耳公司生产的几种具有不同取代基的 PAE 产品结构及主要特性。当其分别与 HDI 三聚体反应制备聚脲时，空间位阻效应对延长凝胶时间的效果为 Desmophen XP-7068＞Desmophen NH 1420＞Desmophen NH 1220＞Desmophen XP-7161，位阻越大，凝胶时间越长。获得的聚脲拉伸强度由高到低依次为 Desmophen XP-

7068≈Desmophen NH 1420＞Desmophen NH 1220＞Desmophen XP-7161,断裂伸长率顺序为 Desmophen XP-7068≈Desmophen NH 1420＜Desmophen NH 1220＜Desmophen XP-7161,可见含有空间位阻较小的取代基 X 的聚脲有较低的硬度和较高的伸长率,X 取代基中含有环己烷结构的 Desmophen XP-7068 和 Desmophen NH 1420 拉伸强度高,但断裂伸长率低,呈刚性,X 取代基中含有直链烷烃结构的 Desmophen NH 1220 和 Desmophen XP-7161 断裂伸长率较高,呈韧性。

表 3.21　几种具有不同取代基的 PAE 产品结构及主要特性(黄微波,2005)

产品牌号	X 取代基结构	分子质量 /(g/mol)	黏度(25 ℃) /(mPa·s)	凝胶时间[①] /min		固化物力学性能[②]	
				22 ℃	0 ℃	拉伸强度 /MPa	断裂伸长率/%
Desmophen XP-7068		582	1500	40	—	48.1	4
Desmophen NH 1420		558	1200	20	23	46.6	4
Desmophen NH 1220		460	240	1.5	2	16.0	23
Desmophen XP-7161		460	240	1.5	—	12.6	84
Desmophen XP-7068 与 Desmophen NH1420 混合物(质量分数为 50∶50)		—	—	27	27	—	—
Desmophen 1220 与 Desmophen NH1420 混合物(质量分数为 50∶50)		—	—	4	6	—	—

注:①PAE 与 HDI 三聚体按质量比 1∶1 反应的胶凝时间,其中 HDI 三聚体为拜耳公司的 Desmodur XP-7100,NCO 含量 20.5%,黏度 1000 mPa·s(25 ℃);②在 22 ℃、55%RH 条件下反应 14 天后测得聚脲力学性能

3. 稀释剂及助剂的选择

稀释剂,主要用于降低体系黏度。常用的稀释剂有邻苯二甲酸二丁酯、邻苯二甲酸二辛酯、碳酸丙酯、碳酸乙酯等。其中,碳酸酯类稀释剂,尤其是碳酸丙烯酯,可参与 MDI 预

聚物与氨基化合物的反应,属于反应性稀释剂,不仅能增加异氰酸酯预聚物的保存期限,还可作为双组分喷涂聚脲的混合相容剂,降低异氰酸酯预聚物的黏度,增加聚脲的流平性能。

常用的助剂包括颜(填)料、润湿分散剂、偶联剂、抗老化剂、消泡剂、流平剂等。

颜(填)料:参见环氧树脂抗冲耐磨材料常用的颜(填)料。

润湿分散剂:多为表面活性剂,如 BYK 公司的电中性润湿分散剂,与所有溶剂型基料均具有良好的混溶性,可以改善颜(填)料在体系中的分散稳定性。

偶联剂:常用的偶联剂有 KH-550 和 KH-560 等,可以改善无机颜(填)料与有机树脂之间的相容性。

抗老化剂:主要包括抗氧化剂和光稳定剂。常用的抗氧化剂有 264、1010、1076、Tinuvin 770、TPP、TNP 等,添加量一般在 0.05% 以下。光稳定剂包括紫外线吸收剂和位阻胺,其中紫外线吸收剂主要有 UV-9、UV-24、UV-49、UV-531、UV-328 等,添加量一般为基料总量的 1%～1.5%,位阻胺有光稳定剂 744、Tinuvin 292 等。

流平剂:降低聚脲涂层组分间的表面张力,改善流动性,避免针孔、缩孔、橘皮等表面缺陷。聚脲配方中常用的流平剂有聚丙烯酸酯、有机硅树脂、硝化纤维素、聚乙烯醇缩丁醛等。

消泡剂:常用的消泡剂大致可分为低级醇系(甲醇、乙醇、异丙醇、正丁醇等)、矿物油系、有机极性化合物(戊醇、磷酸三丁酯、油酸、聚丙二醇等)、有机硅树脂等。也可添加氧化钙或氢氧化钙,吸收反应中生成的二氧化碳,消除施工过程中产生的气泡。

防沉剂:如有机膨润土、气相二氧化硅、硬脂酸铝等。

吸水剂:常用分子筛吸收微量水分,但加入后易增加体系黏度,降低施工性能。二噁唑烷为低黏度的液体,可作为吸水剂,同时由于其遇水分解生成氨基,与异氰酸酯发生反应,起到活性稀释剂的作用。

根据需要,还可掺入阻燃剂、抗静电剂等。

需注意的是,考虑到黏度必须控制在合适的范围,因此颜(填)料和各类助剂的用量需受到限制。

4. 固化反应原理

聚脲材料的固化反应实际是异氰酸酯(半)预聚物与端氨基聚醚、液体胺类扩链剂反应生成具有脲基的高分子弹性体的过程。在固化反应过程中,主要存在以下三种反应:①异氰酸酯(半)预聚物与端氨基聚醚及伯胺扩链剂的反应(图 3.12);②异氰酸酯(半)预聚物与仲氨基聚醚及仲胺扩链剂的反应(图 3.13);③异氰酸酯(半)预聚物的交联反应。

$$R\!-\!NH_2 + R'\!-\!NCO \longrightarrow R\!-\!\underset{H}{N}\!-\!\underset{\underset{O}{\|}}{C}\!-\!\underset{H}{N}\!-\!R'$$

图 3.12 异氰酸酯(半)预聚物与端氨基聚醚及伯胺扩链剂的反应示意图

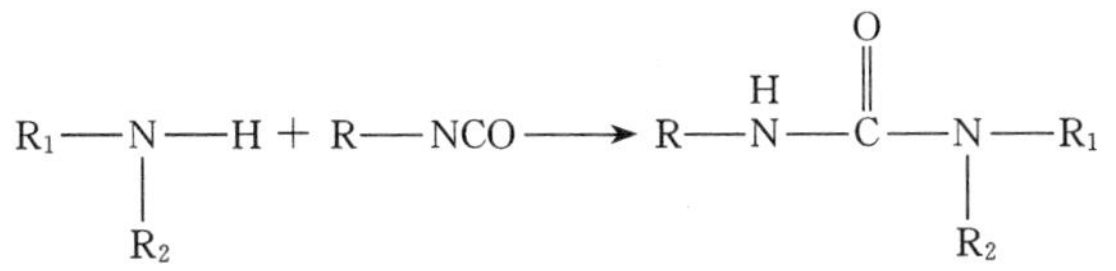

$$R_1-N-H + R-NCO \longrightarrow R-N-C-N-R_1$$

图 3.13　异氰酸酯(半)预聚物与仲氨基聚醚及仲胺扩链剂的反应示意图

其中,异氰酸酯(半)预聚物与端氨基聚醚及伯胺扩链剂反应较快,生成的脲基呈现出以羰基为中心的几何对称结构,比聚氨酯中的氨基甲酸酯基更稳定,因此聚脲的耐老化性、耐化学介质、耐磨等综合性能优于聚氨酯。

异氰酸酯预聚体与仲氨基聚醚及仲氨扩链剂的反应速率较慢。利用该原理,可以在芳香族异氰酸酯与氨基聚醚、二元胺扩链剂的反应体系中加入一部分仲氨基聚醚或仲氨基扩链剂(尤其是位阻型扩链剂),使凝胶时间由 3~5 s 延长至 30~60 s,同时改善聚脲的流动性及附着力。

当异氰酸酯或氨基化合物的官能度大于 2 时,或异氰酸酯过量时,均可能发生交联反应,形成三维网络结构,使聚脲材料的抗压和撕裂强度、耐化学介质等性能得到提高。

此外,由于异氰酸酯基团与氨基化合物的反应活性较高,无须催化剂就可以在室温甚至低温下迅速发生反应。因此,避免了催化剂带来的各种弊端,而且在潮湿或有水环境下使用时不易引起发泡。

下面主要介绍双组分和单组分聚脲的组成及反应原理。

1) 双组分聚脲

双组分聚脲包括芳香族、脂肪族和聚天冬氨酸酯聚脲三大类,可以喷涂施工,也可以刷涂、刮涂或辊涂施工。

双组分芳香族和脂肪族聚脲,A 组分通常为多异氰酸酯单体及其衍生物、聚合体、预聚物或半预聚物,B 组分由端氨基聚醚和氨基扩链剂组成,A 组分中的异氰酸酯基团与 B 组分中的伯氨或仲氨基团反应生成脲基。

双组分聚天冬氨酸酯聚脲,A 组分通常采用 HDI 三聚体,B 组分采用 PAE。A 组分与 B 组分在室温下发生固化反应,获得聚天冬氨酸酯聚脲,固化反应原理如图 3.14 所示。

2) 单组分聚脲

单组分聚脲涂层是由异氰酸酯预聚体与封端的多元胺(包括氨基聚醚)、稀释剂、助剂等构成的液态混合物,利用湿气固化原理制备而成。常用的封端多元胺有噁唑烷、酮亚胺或醛亚胺等(余建平和 Durot,2008)。其中噁唑烷在水分和催化剂作用下,产生端羟基、伯氨基或仲氨基;酮亚胺或醛亚胺在空气中水分和催化剂作用下,产生仲胺基团;产生的氨基与异氰酸酯反应生成脲基。

以异氰酸酯预聚体与酮亚胺反应体系为例。首先,利用迈克尔加成反应原理,制备封端多元胺——酮亚胺。在无水、密封状态下,酮亚胺与异氰酸酯预聚物均匀混合,且稳定性好。

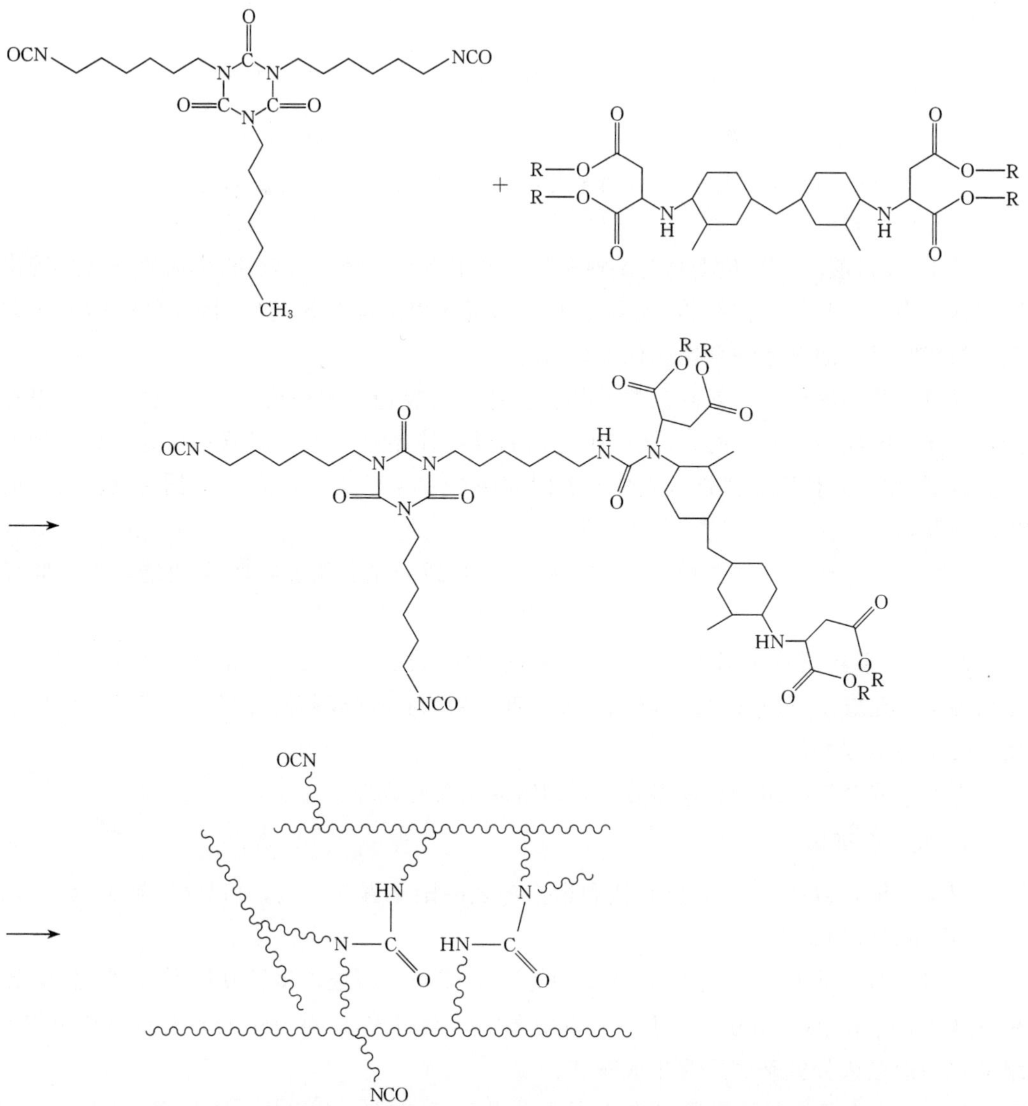

图 3.14　HDI 三聚体与 PAE 的反应示意图

一旦开桶施工,酮亚胺遇到空气中的水分发生分解反应,产生伯胺或仲胺(图 3.15),继而与异氰酸酯基团反应形成脲键。

与双组分聚脲相比,单组分聚脲具有固化慢、与基底黏接性能更好、毒性小(游离的异氰酸酯基团少)、施工便捷等优点,主要采取刮涂施工工艺。单组分聚脲存在的主要问题为:对水分或者湿度的依赖性比较大,固化速度受环境影响较大,特别是低温和低湿度的情况下,固化速度减慢;噁唑烷潜固化剂对催化剂的依赖性比较大;酮亚胺或醛亚胺储存稳定性稍差,在常温下仍能与异氰酸酯预聚体缓慢地发生一系列复杂反应,导致久置变稠现象。

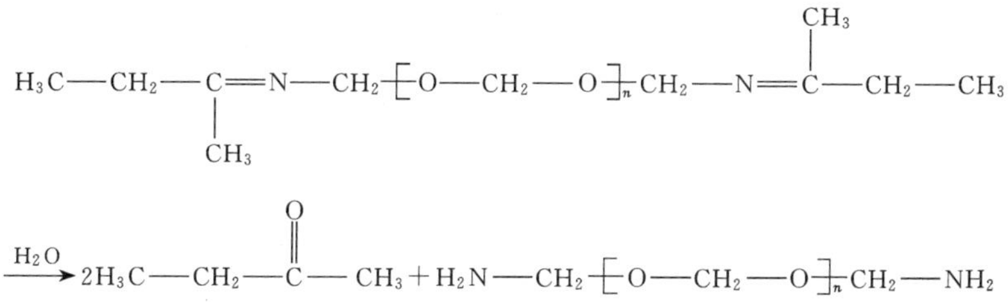

图 3.15　酮亚胺遇水分解原理

5. 主要影响因素

异氰酸酯指数是指聚脲体系中异氰酸酯组分与氨基化合物组分(包括端氨基聚醚和胺类扩链剂)的当量物质的量之比,即活性—NCO 基团与—NH$_2$ 或—NH—基团的物质的量比。异氰酸酯指数不同,聚脲的性能也有所不同。异氰酸酯指数通常在 0.8:1～1.2:1 范围内调节,一般认为异氰酸酯指数在 1.02～1.05 时聚脲材料力学性能最好(Reddinger et al.,2000)。这主要是因为在储存过程中,异氰酸酯基团可能发生副反应,同时施工过程中会有部分异氰酸酯基团与空气中的水分发生反应,因此异氰酸酯稍微过量可补偿储存和施工中异氰酸基团的损失。当异氰酸酯指数低于 1.00 时,聚脲材料性能急剧下降;高于 1.1,则多余的异氰酸酯会与空气中的水分反应产生气泡。因此,通过合理的配方设计,获得适合的异氰酸酯指数,有望制备出满足水工建筑物防护和修补需求的聚脲类抗冲耐磨材料。

异氰酸酯结构、含量和官能度对聚脲体系的反应活性和涂层性能有较大影响。NCO组分作为偶联剂,连接大分子端氨基聚醚,生成脲基稀疏的软段;作为偶联剂、连接小分子二胺扩链剂,生成脲基稠密的硬段;同时,作为偶联剂,连接软段和硬段。因此,其结构对聚脲性能影响很大。研究发现,具有环状、紧密、对称结构的异氰酸酯,产生的脲基硬段之间聚集得更为紧密,聚脲的物理力学性能更高(Wicks and Yeske,1997)。NCO 含量高,体系黏度低,但反应速率快,不易控制,对聚脲附着力、表观状态均有负面影响;NCO 含量低,体系黏度大,对混合不利。因此异氰酸酯预聚物的 NCO 含量应控制在 15%～18% 范围内。NCO 官能度一般控制在 2～2.15 范围,当 NCO 官能度增加时,反应活性增加,凝胶时间和表干时间相应缩短,断裂伸长率和耐磨性、耐介质性能均下降。

端氨基聚醚和氨基扩链剂结构对聚脲的物理和化学性能有影响。高相对分子质量端氨基聚醚柔韧性很好,构成了聚脲软段;低相对分子质量的胺类扩链剂与异氰酸酯反应生成脲键,构成聚脲硬段。端氨基聚醚的官能度为 2～3,相对分子质量为 230～5000,通常官能度高、相对分子质量大的体系,凝胶时间长,固化物强度大、伸长率小、弹性差;反之则强度小、伸长率大、弹性好(黄微波,2006)。氨基扩链剂中活泼氢越多,位阻越小,则体系凝胶时间越短,因此,加入芳香族仲胺类扩链剂可以延长体系的凝胶时间(王宝柱 等,

2000;陈旭东 等,2005)。

此外,体系黏度对聚脲性能也有影响。一般来说,双组分喷涂聚脲中 A、B 组分的黏度越低(低于 2000 mPa·s),且黏度差值越小(不高于 400 mPa·s),则混合越均匀,体系相容性越好,固化物黏接性能和力学性能越好(杨宇润 等,1999)。

3.3.2　双组分喷涂聚脲

双组分喷涂聚脲是由异氰酸酯组分(A 组分)与端氨基化合物组分(B 组分)通过专用喷涂设备快速混合反应形成的弹性涂层。双组分喷涂聚脲包括芳香族和脂肪族喷涂聚脲。

1. 组成及配方

双组分芳香族喷涂聚脲通常是由芳香族异氰酸酯组分(A 组分)与端氨基化合物组分(B 组分)通过专用喷涂设备快速混合反应形成的弹性涂层。其中 A 组分主要为 MDI、MDI 衍生物或 MDI 半预聚体。B 组分通常由端氨基聚醚与 DETDA、DMTDA 等芳香族胺类扩链剂,以及颜(填)料、助剂组成。A 组分和 B 组分混合后,迅速反应生成芳香族喷涂聚脲,胶凝时间通常只有 3～5 s。芳香族喷涂聚脲耐老化性能较差,在室外使用时易发生黄变、褪色、粉化等现象。

双组分脂肪族喷涂聚脲是由脂肪族异氰酸酯组分(A 组分)与端氨基化合物组分(B 组分)通过专用喷涂设备快速混合反应形成的弹性涂层。其中 A 组分主要为脂肪族异氰酸酯与端氨基聚醚反应生成的预聚物。B 组分通常由端氨基聚醚与 1,4-环己二胺、IPDA 等脂肪胺扩链剂(尤其是位阻型胺扩链剂),以及颜(填)料、助剂组成。A 组分和 B 组分混合后迅速反应生成脂肪族喷涂聚脲,胶凝时间通常只有 30～60 s。脂肪族喷涂聚脲具有很好的表面硬度和力学强度,尤其在光稳定性方面明显优于芳香族喷涂聚脲。

2. 性能特点

双组分芳香族喷涂聚脲分子结构中除了含有大量脲键外,还有许多醚键、酯键、缩二脲等,分子间存在氢键;此类聚脲具有优良的断裂伸长率、耐磨性和柔韧性,但耐紫外老化性能和保色性较差,在户外使用时易泛黄和褪色,反应速率过快,对底材润湿能力差,涂层表观性能较差。双组分脂肪族喷涂聚脲分子结构特征为大分子主链上含有重复的脲键链段,此类聚脲流平性及黏接性能优于芳香族产品,且耐紫外老化性能和保色性优异。

总体而言,芳香族和脂肪族喷涂聚脲均具有如下性能特点(黄微波,2005):①无须催化剂,快速固化,可在任意曲面、斜面及垂直面上喷涂成型,不产生流挂现象,芳香族可在 5 s 左右达到凝胶,脂肪族一般在 30～60 s 凝胶,1 min 即可达到步行强度;②异氰酸酯与氨基的反应活性高于异氰酸酯与水的反应,因此,聚脲对水分和湿气不敏感,可以在潮湿、有水环境下使用;③高固含量,环保性佳;④具有优异的柔韧性、耐磨性、本体拉伸强度等物理力学性能,对混凝土、沥青等底材有着非常好的黏接强度;⑤优良的耐高、低温性能,在−25～150 ℃温度范围内能保持良好的热稳定性能;⑥可以根据配方调节,得到从软橡胶(邵 A 硬度 30)到硬质弹性体(邵 D 硬度 65)不同硬度的材料;⑦采用专用的喷涂设备,施工效率高,一次施工即可达到规定厚度,连续施工形成无接缝的弹性体防护材料,施工便捷。

喷涂聚脲还具有优异的抗冲击、耐磨损及耐高速水流冲刷的功能,能有效高速含泥沙水流的冲蚀、磨损对水工混凝土的破坏,提高水利设施的耐久性。黄微波课题组及中国聚脲技术研发中心研究发现,纯聚脲在 40 m/s 高速含沙(10%)水流冲刷下耐磨损性能是C60 高强混凝土的 15 倍,抗高速水流气蚀能力是环氧树脂的 130 倍(黄微波 等,2011)。吴怀国通过高速含沙水流冲刷试验,得出聚脲抗冲耐磨性能大大超过 C60 硅粉混凝土(吴怀国,2005a)。武汉材料保护研究所钟萍等采用 Taber 摩擦磨损试验机和高速含沙水射冲蚀磨损试验机(钟萍 等,2007)。南京水利科学研究院王新等对北京东方雨虹防水技术有限公司研发的三种配方聚脲进行了抗冲耐磨性能测试,发现 351 喷涂纯聚脲抗冲耐磨性能最佳,以磨损厚度为指标,悬移质作用下其抗冲耐磨性能是 C60 抗冲耐磨混凝土的5 倍以上,推移质作用下约为混凝土的50 倍,强空蚀作用下未发生空蚀破坏,抗蚀性能十分优异(王新 等,2013)。

此外,聚脲对复杂环境的适应性较好。一方面,聚脲材料优异的温度和湿度适应性使其在复杂的环境下性能稳定可靠,在下雨、刮风、结露、潮湿等情况下,对混凝土基材的附着力仍能达到 2.5 MPa 以上,并且随着服役时间的延长,与水工建筑物的附着力保持良好,甚至还会增大(黄微波 等,2011)。

另一方面,脂肪族、脂环族喷涂聚脲耐老化性能较好,对自然光照、冻融、温度交变等因素具有较好的耐受性。黄微波等分别对户外自然曝晒 600 d 和紫外线人工加速老化15 000 人的脂肪族聚脲样片进行理化性能测试和红外光谱分析,发现材料的力学性能并未发生大的变化,紫外线的照射仅仅使聚脲表面失光,而对聚脲内部结构和大分子链段并未产生破坏(黄微波 等,2013)。通过加速试验,预计聚脲的寿命在 75 年以上,中国聚脲技术研发中心的相关研究结果也证实了这一点(吕平 等,2007;Lü et al.,2010;Huang and Lü,2010;Huang et al.,2011)。Lü 等研究发现经历温变后的聚脲涂层强度并不会低于温度交变前的强度(Lü et al.,2011)。李志高等研究发现聚脲涂层的防渗性能及自身抗冻性能很好,对混凝土表现出很高的抗冻融防护效果,经历 600 次冻融循环后表面完好无损,质量损失和相对动弹性模量几乎不变,有效提高混凝土的耐久性(李志高 等,2010)。

多年的工程实践证明:双组分喷涂聚脲宜用于水工混凝土建筑物的迎水面防渗、流速小于 5 m/s 的过水面保护及表面耐久性防护;不适用于流速较大的泄洪建筑物表面的抗冲耐磨防护和修补处理(孙志恒和张会文,2013b)。

自 20 世纪 90 年代聚脲引入中国以来,喷涂聚脲已在多个水利水电工程中得到成功应用。2004 年,喷涂聚脲弹性体技术首次在尼尔基水利枢纽侧墙混凝土抗冲耐磨保护中得到应用,这是该项技术在水利工程中的首次应用(孙志恒 等,2006)。此外,喷涂聚脲还在印度特里坝泄流中孔防护中得到成功应用,在国内的新安江大坝溢流面、丰满溢流面和挑流鼻坎、怀柔水库西溢洪道、小浪底排沙洞、小湾水垫塘、官地消力池、三峡中孔、曹娥江大闸闸底板、黄河龙口水利枢纽底孔等水利工程进行了尝试性应用(吴守伦 等,2008;孙红尧 等,2007)。

3.3.3 双组分聚天冬氨酸酯聚脲

聚天冬氨酸酯聚脲是脂肪族异氰酸酯预聚体和 PAE 的反应产物。混合物的适用期可以从几分钟到几小时,既可使用专用的双组分喷涂设备施工,也可采用普通刷涂、刮涂或辊涂方法施工,应用更简便。

1. 组成及配方

聚天冬氨酸酯聚脲的 A 组分一般为 HDI 三聚体,B 组分由 PAE、反应性稀释剂、颜(填)料、助剂等组成。基本配方如表 3.22 所示。

表 3.22　聚天冬氨酸酯聚脲基本配方

A 组分/%		B 组分/%	
脂肪族异氰酸酯预聚体	50～60	PAE	30～50
		活性稀释剂	1～6
		颜(填)料、助剂	微量

2. 性能特点

聚天冬氨酸酯聚脲是继芳香族聚脲和脂肪族聚脲之后的第三代聚脲材料,属于高固体分涂料,环保性更佳,且具有反应速率可调、可低温固化、耐候性好等优点,在国内外得到越来越广泛的关注。

聚天冬氨酸酯聚脲的 A 组分通常为脂肪族的 HDI 三聚体,使得固化产物具备优异的光稳定性;同时,B 组分 PAE 是一种脂肪族仲胺,其氨基处于空间冠状位阻环境的包围中,特殊的诱导效应使得它在与异氰酸酯预聚体的反应过程中,表现出"减速"效应,固化反应慢,这有利于提高聚脲材料在混凝土表面的流动性及附着力。

此类聚脲既可以喷涂施工,也可以手刮施工。在水利水电工程中,常与环氧树脂基界面剂配合使用。

3. 代表性产品

CW820 聚脲抗冲耐磨材料是长江水利委员会长江科学院自主开发的一种以聚天冬

氨酸酯聚脲为核心的抗冲耐磨材料系统,主要由底层专用界面剂和聚天冬氨酸酯聚脲面层材料构成(冯菁 等,2012;韩炜 等,2012;陈亮 等,2011)。该材料系统的主要性能参数见表 3.23 和表 3.24,具有耐候性好、抗冲耐磨性能优异及弹性较高等特点,采用刮涂工艺,施工简便,适用于水工建筑物过流区表面的冲刷磨蚀及气蚀破损、其他表面缺陷的快速修补与表面防护。目前,已成功应用于黄柏河流域的尚家河、汤渡河和天福庙水库除险加固工程,以及葛洲坝和三峡大坝的船闸闸墙的现场试验。

表 3.23　CW820 系列聚脲抗冲耐磨涂层材料主要性能参数

检测项目		性能参数
外观	A 组分	均匀不分层
	B 组分	久置后颜(填)料下沉 上层液体均匀无团聚
干燥时间(表干)/min		30～45
固含量/%		≥95
抗拉强度/MPa		>15
断裂伸长率/%		≥200
黏接强度(28 天)/MPa		≥3.0
撕裂强度(28 天)/(N/mm)		≥40
抗冲耐磨强度(72h 水下钢球法)/[h/(kg/m²)]		>70
抗冻性(快冻法)		>F300
硬度(邵 A)		92
耐冲击性/(kg·m)		1.2

表 3.24　CW820 系列聚脲抗冲耐磨涂层材料的环保性能

检测项目		检测结果
总挥发性有机化合物/(g/L)		4
苯/(mg/kg)		未检出*
甲苯+乙苯+二甲苯/(g/kg)		1.0
苯酚/(mg/kg)		30
游离 TDI/(g/kg)		未检出*
可溶金属/(mg/kg)	铅 Pb	5
	镉 Cd	4
	铬 Cr	2
	汞 Hg	3

　　注:本检验结果为按配比(A∶B=1∶1)混合后样品的结果。 * :苯<2 mg/kg,游离 TDI<0.1 g/kg。检测方法按照 JC 1066—2008

CW820 聚脲的使用方法如下：首先，打磨清理混凝土基面，确保基面坚固、不起砂、不泛尘，尽量做到表面干燥，潮湿基面保证无明水。随后，用专用腻子修补较大缺陷，表面涂抹平整，待腻子层表干后涂刷环氧类界面剂，待界面层表干后涂刷聚脲抗冲耐磨层。聚脲抗冲耐磨涂层按 A：B 为 10：7（质量比）配制，搅拌均匀后采用辊涂或刷涂施工，可进行多次涂刷以达到目标厚度，涂刷间隔以上一层表干为宜，时间约 30 min。涂层施工完成需进行防水养护，完全固化后（一般为 1 天，低温下时间略长）可自然养护。

3.3.4　单组分聚脲

1. 组成及配方

单组分聚脲涂层是由异氰酸酯预聚体与酮亚胺等封端的多元胺（包括氨基聚醚）、稀释剂、助剂等构成的液态混合物。

2. 性能特点

单组分抗冲耐磨聚脲属于脂肪族聚脲，具有较强的耐老化性能。固化慢，与基底黏接性能佳，一般黏接强度大于 3.0 MPa，即便在潮湿基面黏接强度也能大于 2.5 MPa；耐化学腐蚀、防渗效果及抗冲耐磨性能好；低温柔性好，能适应高寒地区低温环境服役要求，尤其是能抵抗低温时混凝土收缩形变引起的开裂而不渗漏。无毒，可用于饮用水输水工程。

单组分聚脲可采用涂刷、辊涂或刮涂方法施工。施工工艺简单，避免了施工中配合比不当造成的质量缺陷，不需要专门的设备，分层施工，涂层厚度的均匀性可控，施工质量有保证。

单组分聚脲需配合专用界面剂使用，宜用于水工混凝土建筑物的迎水面防渗、裂缝和伸缩缝表层防渗，以及流速小于 30 m/s 的过流面的抗冲耐磨防护与表面耐久性防护（孙志恒和张会文，2013b）。

3. 代表性产品

中国水利水电科学研究院研发的 SK 抗冲耐磨聚脲为单组分聚脲材料，主要物理力学性能参数如表 3.25 所示。采用《水工混凝土试验规程》（SL 352—2006）中推荐的圆环高速含沙水流冲刷试验仪测得该材料在水流名义流速 40 m/s 下的抗冲耐磨强度为 26.7 h/(kg/m²)，是 C60 混凝土材料的 70 倍以上。此外，还具有拉伸强度大、硬度高、柔性好、伸长率大、低温柔性、抗紫外线能力强、能适应在潮湿环境下施工及施工简单等特点。该产品适用于寒冷地区水流速度小于 30 m/s 的过流面表面防护及修补处理。

表 3.25 SK 单组分刮涂聚脲的主要性能参数

检测项目	性能参数	
	I 型(防渗型)	II 型(抗冲耐磨型)
比重(25 ℃)	1.10±0.50	1.10±0.50
黏度/(mPa·s)	≥3000	≥3000
表干时间/h	≤4	≤6
拉伸强度/MPa	≥15	≥20
断裂伸长率/%	≥350	≥200
黏接强度(潮湿面)/MPa	≥2.5	≥2.5
撕裂强度/(kN/m)	≥40	≥60
硬度(邵 A)	≥50	≥80
抗冲耐磨强度(圆环法)/[h/(kg/m²)]	≥20	≥25
低温弯折性/℃	≤-45	≤-45

注:数据来源于孙志恒和郝巨涛,2013a;孙志恒 等,2013;王冰伟和孙志恒,2015

SK 单组分聚脲材料的环保性能检测结果见表 3.26,有害物质含量远远低于国家标准《生活饮用水卫生标准》(GB 5749—2006)的有害物质限量指标,具有较好的环保性能。

表 3.26 SK 抗冲耐磨刮涂聚脲环保性能参数(马宇 等,2017)

检测项目/(mg/L)	性能参数	
	检测标准 GB 5749—2006	检测结果
砷	0.01	<0.001
镉	0.005	<0.0005
铬	0.05	<0.004
铅	0.01	<0.001
汞	0.001	<0.0005
硒	0.01	<0.001
氰化物	0.05	<0.002
氟化物	1.0	0.35
三氯甲烷	0.06	0.0057
四氯化碳	0.002	0.00001

SK 抗冲耐磨聚脲可以配合专用界面剂作为单独的抗冲耐磨材料使用,也可结合不同工况要求,与环氧砂浆抗冲耐磨材料复合使用,还可以将 SK 聚脲作为胶结材料,与玻璃彩砂等填料按不同配比配制成具有优异弹性和抗冲击性能的高弹性抗冲耐磨砂浆,并采用"环氧砂浆+高弹性抗冲耐磨砂浆+SK 抗冲耐磨聚脲"的复合式修复方案,用于泄水建

筑物推移质冲磨破坏修补(孙志恒 等,2017)。

SK 单组分抗冲耐磨聚脲已在小浪底水利枢纽排沙洞、富春江水电站溢流面、新疆喀腊塑克水电站泄洪道、李家峡水电站泄洪道、吉林白山水电站溢流面、青海龙羊峡水电站表孔底板等抗冲耐磨修补或防护工程中得到成功应用。

3.3.5 配套界面剂

聚脲弹性体与混凝土基底的热膨胀系数,且聚脲弹性体固化较快,尤其是喷涂聚脲几秒钟内就固化,很难与混凝土表面有很理想的黏接效果。因此,为了提高聚脲弹性体与混凝土的黏接强度,并降低成本,需使用性能优异的界面剂。同时,水利水电工程具有更复杂的施工环境,混凝土面多长期处于潮湿有水状态,且表面质量较差,因此混凝土表面预处理尤为重要。

界面剂配方设计时主要考虑以下因素:

(1)界面剂起始黏度小,对具有毛细孔的混凝土底材有良好的渗透性。

(2)界面剂与混凝土表面能形成尽可能多的化学键或氢键,固化后形成紧密的交联结构,吸水率小,且不易被水降解。

(3)对无机的混凝土表面有良好的偶联性,同时对聚脲有机材料有一定的反应性,发挥"桥梁"作用,提高二者黏接强度。

(4)界面剂固化后应有一定的韧性,以适应混凝土因温度、机械荷载作用引起的尺寸变化,提高抵抗开裂、剥蚀等劣化现象的能力。

(5)界面剂涂覆固化后,应具有优异的耐水性、耐干湿交替和耐介质腐蚀等性能,以免在湿气、水或腐蚀溶液作用下,导致界面剂劣化甚至破坏,黏接性能降低。

(6)界面剂耐老化性能与表层的聚脲尽量相匹配。

(7)固化时间可调,适用于不同气温和工况的要求。

界面剂对底材混凝土的完全浸润是获得高黏接强度的必要条件。混凝土底材有较高的表面张力,又属于多孔性材料,当有机界面剂黏度适当、固化时间不少于 1 h 时,一般的有机界面剂均能在其上有较好的浸润,界面剂渗透到这些凹凸或空隙中去,固化之后可起到微观机械连接的作用。如果浸润不完全,底材混凝土表面气泡就会出现在界面中,致使黏接强度大大降低。

但完全浸润是产生良好黏接的必要条件,并非充分条件。对于优秀的界面剂,它与混凝土底材之间发生分子扩散,或者形成化学键或氢键结合是非常必要的。如果界面剂与混凝土底材之间仅仅依靠机械结合、物理吸附作用结合,那水对高能表面的吸附远远超过有机物,有机界面剂会被混凝土底材中的水气逐渐解吸。如果界面剂与混凝土底材之间能够形成化学键结合,可形成键能为 80~120 千卡/摩尔①的 C—C 键或 C—O 键,其结合

---

① 1 卡/摩尔=4.1868 J/mol。

力远较范德华力大(韩练练,2009),对于提高界面黏接非常有利。

目前常用的是环氧树脂类界面剂,除了与潮湿混凝土界面具有非常优异的黏接性能以外,在未完全固化前还与聚脲弹性体能产生一定的化学反应,有效地提高黏接性能。同时,此类界面剂具有较合适的稠度,采用刮涂施工,立面不流挂,可以封闭混凝土体表面小的坑、孔等缺陷,有效地确保聚脲涂层表面的完整性和光滑平整性,封闭混凝土基材表面毛细孔中的空气和水分,避免聚脲涂层表面出现鼓泡和针孔现象。

3.4 其他抗冲耐磨材料

采用纳米技术对树脂进行增强增韧改性,提高涂层的综合性能,是抗冲耐磨涂料发展的一个重要方向。纳米粒子具有小尺寸效应、表面效应,与树脂复合后,纳米粒子填充于树脂分子结构中,起到润滑作用,当受到外力冲击时,引发微裂纹,吸收大量冲击能,所以对树脂又起到了增韧的作用。而一般认为涂膜的韧性对其耐磨性的影响大于涂膜硬度对其耐磨性的影响。近年来纳米耐磨涂料的研究已成为涂料领域研究的一个热点。

研究发现,将纳米二氧化硅、碳化硅、碳酸钙、二氧化钛等纳米粒子直接或改性后添加到聚合物基体中,由于纳米粒子的纳米效应或协同效应,聚合物基纳米复合材料的耐磨性显著提高。Shao 和 Wang 等研究发现纳米粒子能同时降低聚合物基体的摩擦系数和磨损率,并且纳米粒子对聚合物基体耐磨性的改善效果比微米级粒子更显著(Wang et al.,2015;Shao et al.,2010;Wang et al.,1996)。利用纳米粒子在改善耐磨性方面的优势,德国 Carbo Tec 公司研发出更耐刮伤、耐磨损的"钻石"烤漆(Vogt,2004)。

南京水利科学研究院利用纳米三氧化二铝/二氧化锆对环氧树脂增韧增强改性,采用超声空化与高速分散相结合的技术,研制了能在水工泄水建筑物 40 m/s 水流流速下使用的新型纳米抗冲耐磨面层涂料(徐雪峰和蔡跃波,2011)。

Wetzel 利用纳米三氧化二铝对环氧树脂增韧改性,研究纳米粒子掺量与磨损率的关系,发现在 2%掺量(体积分数)时,耐磨性最好(Wetzela et al.,2003)。巩强以纳米三氧化二铝为填料,对其进行表面亲油改性后,分散于羟基丙烯酸树脂或聚酯树脂中,制备出含纳米三氧化二铝的透明耐磨涂料(巩强 等,2004)。

此外,南京水利科学研究院利用聚合物互穿网络技术,用呋喃树脂、橡胶弹性体(增韧树脂)对环氧树脂进行改性作为涂料的基料树脂,以碳化硅或金刚砂为主要耐磨填料,研究开发了一种适用于水工泄水建筑物的 FS 型抗冲耐磨涂料,它有高抗冲、高耐磨的性能,有很高的黏接强度,柔韧性为 1 级,同时又有防腐蚀、防碳化的功能(徐雪峰 等,2003a)。目前,将FS 型抗冲耐磨涂料用于新疆乌鲁瓦提水利枢纽冲沙洞、发电洞、泄洪洞的抗冲耐磨保护,施工面积达 1.8 万多平方米,经 10 年的运行,受保护混凝土表面仍完好(徐雪峰 等,2003b)。

尽管纳米耐磨涂料在其他领域已得到成功应用,但要在水工泄水混凝土建筑物抗冲耐磨保护中推广应用,还需要解决好以下几方面的问题:①纳米粒子的稳定分散问题,纳米粒子表面能高,处于能量的不稳定态,易聚集,虽然已有许多表面修饰技术,但要获得效果好、价格适中的分散剂仍有困难。②纳米粒子与其他填料的相容性问题,水工泄水建筑物的特点是流速大且有推移质的冲磨,仅依靠树脂和纳米粒子的耐磨性远远不够,必须添加微米级的耐磨填料,解决好纳米粒子与微米级耐磨填料之间的相容性问题,最大限度地发挥两者的作用。

第 4 章

抗冲耐磨材料性能测试方法

　　水利水电工程抗冲耐磨材料的应用效果与材料本身性能及其与混凝土的整体性能息息相关，必须选择合适的方法予以表征和评价。一方面，需要对材料本身的力学强度和耐老化性能进行测试，作为多种材料筛选与评价的基本性指标；另一方面，还需对与应用效果直接相关的评价性参数，即抗冲耐磨材料/混凝土整体的界面黏接强度、抗冲耐磨和空蚀强度、耐候性等关键性能参数进行测定，从而确定适合的材料种类及配方。

　　目前针对环氧类、聚脲类、聚合物水泥基材料及混凝土本身性能的检测等分别有相关的标准，且数量众多，涉及建筑、化工、水利水电等多个领域。然而，专门针对水利水电工程中抗冲耐磨材料性能检测及应用效果评价的方法，由于实际应用中工况较为复杂、涉及材料种类多而广，目前尚未形成完善的方法体系和针对性的技术规程或规范。

　　本章结合水利水电工程的特点和应用需求，对现有标准中与抗冲耐磨材料相关的测试方法进行了筛选和分类整理，主要介绍适合水工建筑物抗冲耐磨材料的测试方法，包括抗冲耐磨性能、抗空蚀性能、黏接性能、拉伸性能、耐光热老化性能、耐介质侵蚀性能及抗渗性能等关键性能参数的测试方法。

4.1　抗冲耐磨性能测试

抗冲耐磨性能测试采用的试件为表面涂覆一定厚度抗冲耐磨材料的混凝土试件或砂浆试件。制备过程如下:首先,将混凝土或砂浆试件表面打磨平整,冲洗干净并晾干,然后在试件上涂抹一定厚度的抗冲耐磨材料,室温养护至规定龄期后进行冲磨、冲击等试验。

4.1.1　方法概述及适用范围

聚合物树脂砂浆(混凝土)和聚合物改性砂浆(混凝土)的抗冲耐磨性能,主要参照《水工混凝土试验规程》(DL/T 5150—2001,SL 352—2006)、《水工建筑物抗冲耐磨防空蚀混凝土技术规范》(DL/T 5207—2005)进行测定(中华人民共和国水利部,2006;中华人民共和国国家发展和改革委员会,2005;中华人民共和国国家经济贸易委员会,2002)。抗冲耐磨性能评价指标包括平均磨损率、抗冲耐磨强度、平均磨损体积和厚度等。

抗冲耐磨试验采用最常用的高速水砂法和水下钢球法,分别模拟含悬移质和推移质水流的冲磨条件,测定材料表面受水下高速流动介质磨蚀的相对抗力,评价材料表面的相对抗冲耐磨性能。两种方法的冲磨作用机理不同,高速水砂法主要体现为金刚砂(悬移质)对试件表面的冲击、切削作用,水下钢球法体现为钢球(推移质)对试件表面的跃滚、冲击、摩擦作用,因此,不同类型材料的冲磨响应存在较大差异。例如,南京水利科学研究院王新等研究发现,对于喷涂聚脲弹性体柔性防护材料,含砂水流的切削作用会造成表面一定的磨损,而在光滑钢球的冲击荷载作用下,防护材料会发生弹性变形,吸收大部分冲击能量,很难造成磨蚀破坏。因此,针对柔性防护材料,提出将玄武岩磨料水下棱石法作为抗冲耐磨试验方法(王新 等,2013)。

漆膜的耐磨性和耐冲击性能,主要参考《色漆和清漆耐磨性的测定旋转橡胶砂轮法》(GB/T 1768—2006/ISO 7784—2:1997)规定的方法(中华人民共和国国家质量监督检验检疫总局和中国国家标准化管理委员会,2007a)。

4.1.2　水下钢球法

涂覆抗冲耐磨材料前后,混凝土或砂浆试件表面受水下高速流动介质磨损的相对抗力,用于评价试件表面的相对抗磨性能。

1. 电力行业标准水下钢球法试验方法

按照《水工混凝土试验规程》(DL/T 5150—2001)试验方法进行(中华人民共和国国家经

济贸易委员会,2002)。

1) 试验设备

(1) 钢球冲磨仪(图 4.1),主要部件包括:①驱动装置,能夹固搅拌桨并使其以 1200 r/min 速度旋转的电机装置;②钢筒,内径为 305 mm±6 mm,高 450 mm±25 mm,下边四周有螺孔;③钢底座;④搅拌桨;⑤研磨料,70 个按表 4.1 规定的研磨钢球。

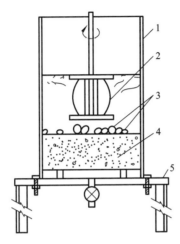

图 4.1　钢球冲磨仪示意图

1-钢容器;2-搅拌桨;3-不同直径研磨钢球;4-混凝土试件;5-底座

表 4.1　研磨钢球数量与直径

钢球数量/个	10	35	25
直径/mm	25.4±0.1	19.1±0.1	12.7±0.1

(2) 试模:金属圆模,内径 300 mm±2 mm,高 100 mm±1 mm。

(3) 天平:称量 20 kg,感量 1 g。

2) 试验方法及步骤

(1) 按 DL/T 5150—2001 中"混凝土试件的成型与养护方法"制备试件,允许骨料最大粒径为 40 mm,试验以三个试件为一组。

(2) 试验前,试件需在水中至少浸泡 48 h。

(3) 试验时,取出试件,擦去表面水分,称量。

(4) 钢筒与底座间放上橡皮垫圈,在底板上垫上两根 φ6 mm 的钢筋,把已称量过的混凝土试件放在钢筋上并对中,且使混凝土表面垂直于转轴,套上钢筒,旋紧固定钢筒与底座的螺栓,使其密封。

(5) 将搅拌桨安装在转轴上,搅拌桨底部距试件表面约 38 mm,调整钢筒和底座的位置使转轴对中。

(6) 在钢筒内放入研磨钢球于试件表面,并加水至水面高出试件表面 165 mm。

(7) 确认转轴转速在 1200 r/min 后,开机。

(8) 每隔 24 h,在钢筒内加 1～2 次水至原水位高度。

(9) 累计冲磨 72 h,取出试件,清洗干净,擦去表面水分,称量。

3) 试验结果计算

混凝土抗冲耐磨指标以抗冲耐磨强度或磨损率表示。

抗冲耐磨强度按式(4.1)计算:

$$f_a = \frac{TA}{\Delta M} \tag{4.1}$$

式中:f_a——抗冲耐磨强度,即单位面积上被磨损单位质量所需的时间,h/(kg/m^2);

　　　T——试验累计时间,h;

　　　A——试件受冲磨面积,m^2;

　　　ΔM——经 T 时段冲磨后,试件损失的累计质量,kg。

磨损率按式(4.2)计算:

$$L = \frac{M_0 - M_T}{M_0} \tag{4.2}$$

式中:L——磨损率,%;

　　　M_0——试验前试件质量,kg;

　　　M_T——试验后试件质量,kg。

将一组三个试件测值的平均值作为试验结果。如单个测值与平均值的差值超过 ±15% 时,则此值应剔除,以余下两个测值的平均值为试验结果。若一组中可用的测值少于两个,则该组试验应重做。

2. 水利行业标准水下钢球法试验方法

按照《水工混凝土试验规程》(SL 352—2006)试验方法进行(中华人民共和国水利部,2006)。

1) 试验设备

(1) 钢球冲磨仪(图 4.1);

(2) 试模:金属圆模,内径 300 mm±2 mm,高 100 mm±1 mm;

(3) 天平:称量 20 kg,感量 0.5 g。

2) 试验方法及步骤

与《水工混凝土试验规程》(DL/T 5150—2001)中水下钢球法的试验步骤相同。

3) 试验结果计算

混凝土抗冲耐磨指标以抗冲耐磨强度表示。

抗冲耐磨强度按式(4.3)计算:

$$R_a = \frac{TA}{M_T} \tag{4.3}$$

式中:R_a——抗冲耐磨强度,即单位面积上被磨损单位质量所需的时间,$h/(kg/m^2)$;

    T——试验累计时间,h;

    A——试件受冲磨面积,m^2;

    M_T——经 T 时段冲磨后,试件损失的累计质量,kg。

将一组三个试件测值的平均值作为试验结果。单个测值与平均值的允许差值为 $\pm 15\%$,超过时此值应剔除,以余下两个测值的平均值为试验结果。若一组中可用的测值少于两个,则该组试验应重做。

3. 高速水下钢球法冲磨试验

南京水利科学研究院研制了 GHKS 高速混凝土抗冲耐磨试验机,并对《水工混凝土试验规程》(DL/T 5150—2001)中的水下钢球抗冲耐磨试验方法进行改进,建立了高速水下钢球抗冲耐磨试验新方法(丁建彤 等,2011)。

考察了水流速度、冲磨时间、钢球投影面积与试件表面积之比、钢球最大粒径等因素对新方法冲磨效率的影响,并采用有约束配合比均匀设计的方法优化钢球级配。确定新方法的试验参数为:叶轮转速 4000 r/min,近底水流速度 3.8 m/s,钢球投影面积占试件表面积的 50%,钢球最大粒径 30 mm,钢球级配为 8 个 ϕ30 mm、17 个 ϕ25.4 mm、33 个 ϕ19.1 mm、62 个 ϕ12.5 mm,冲磨时间 48 h。

用强度等级为 $C_{90}50$ 和 $C_{90}60$ 的泵送和常态高强抗冲耐磨混凝土,对比了标准方法和新方法的冲磨效率。试验结果表明:与标准方法相比,新方法的冲磨效率提高了 3~4 倍,冲磨时间缩短 1/3,平均磨损深度从 1~2 mm 增加到 3~4 mm,反映了混凝土本体而非表肤的抗冲耐磨性能,更能反映实际工况下 C40 以上高强抗冲耐磨混凝土的磨损速度。

4.1.3 圆环法

涂覆抗冲耐磨材料前后,混凝土或砂浆试件受含砂水流冲刷的相对抗力,用于评价试件表面的相对抗冲耐磨性能。

1. 水利行业标准圆环法试验方法

按照《水工混凝土试验规程》(SL 352—2006)试验方法进行(中华人民共和国水利部,2006)。

1) 试验设备

(1) 高流速混凝土冲刷仪:水流名义流速 10~40 m/s(任意给定)。

（2）试模：外圆锥形，顶径 500 mm，底径 490 mm，内径 300 mm，高度 100 mm。

（3）电子天平：称量范围 50 kg，感量 0.5 g。

（4）量筒：1000 mL 和 500 mL 各一个。

2）试验方法及步骤

（1）按《水工混凝土试验规程》（SL 352—2006）中的方法制备冲磨试验试件。允许骨料最大粒径 40 mm，超过时用湿筛法筛除。试验以三个试件为一组。

（2）到达试验龄期的前两天，将试件放入水中浸水使其吸水饱和。

（3）试验时，取出试件，用湿布将试件表面擦干净，以饱和面干状态称取试件质量（g）。

（4）打开主机试验箱上盖后，检查排沙孔（两个）密封是否漏水，并擦净试验箱（箱内无水状态），放入聚四氟乙烯防磨圈。用试件顶面两个起吊螺孔（M10）将试件装入试验箱内。

（5）冲磨质采用粒径 0.4～2 mm 的刚玉（由专门生产厂家供应）。水流含砂率为 20%（质量比）。称量刚玉 625 g，然后将冲磨质由冲刷轮齿孔间隙中均匀地洒入，再加水 2500 mL。将试验箱上盖盖上，并对整齐。然后将八个紧固卡子装上，并紧固。紧固时应两个对称卡子同时加力紧固，以免上盖偏斜。

（6）在控制柜台面上设定试验条件，首先按动电源开关，开动主机开关，转动流速给定器按钮，使其显示频率达到试验规定流速。试验流速设定后关闭主机开关，试验流速设定后可以保留，无须每次试验设定。由定时器设定每次试验冲磨时间为 900 s。

（7）试验条件设定完毕，开动主机开关，再按动流速给定器上的锁紧按钮，主轴开始转动，10 s 内达到设定的试验流速。冲磨时间达到后，自动停机。

（8）将上盖紧固卡子卸下，取下试验箱上盖，通过起吊螺孔将试件取出，冲洗干净。

（9）取出聚四氟乙烯防磨圈，将排沙孔打开，试验废砂水由此孔排入砂-水箱内。试验箱内清洗干净，将排沙孔关闭不能漏水。

（10）重复（4）～（9）项试验操作三次，同样在试件面干饱和状态下，称取试件质量（g），得到一个试件四次试验累计冲磨量，即一个试件冲磨 1 h 的冲磨量。

3）试验结果计算

混凝土抗含砂水流冲刷的指标以抗冲耐磨强度表示，抗冲耐磨强度按式（4.4）计算：

$$f_a = \frac{TA}{\sum \Delta M} \tag{4.4}$$

式中：f_a——抗冲耐磨强度，即单位面积上被冲磨单位质量所需的时间，h/(kg/m^2)；

　　$\sum \Delta M$——四次冲磨试件累计冲磨量，kg；

　　T——试验累计时间，h；

　　A——试件冲刷面积，m^2。

$$A = \pi DH$$

其中：D——试件内径，m；

　　H——试件内环高，m；

本试验中 D 为 0.3 m，H 为 0.1 m。

将一组三个试件测值的平均值作为试验结果。单个测值与平均值允许差值为±15%，超过时此值应剔除，以余下两个测值的平均值为试验结果。若一组中可用的测值少于两个，则该组试验应重做。

当采用其他材料冲磨质时，应在抗冲耐磨强度后注明。

2. 电力行业标准圆环法试验方法

按照《水工混凝土试验规程》(DL/T 5150—2001)试验方法进行(中华人民共和国国家经济贸易委员会,2002)。

1) 试验设备

(1) 冲刷试验仪:其结构及作用原理如图 4.2 所示。叶轮结构如图 4.3 所示。电动机转速为 1430 r/min,叶轮圆周转速为 14.3 m/s。

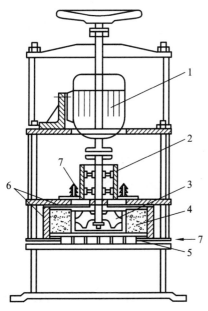

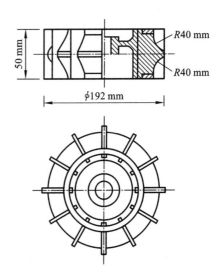

图 4.2　冲刷试验仪示意图

1-马达;2-动轴;3-叶轮;4-圆环试件;

5-试件托盘;6-隔砂防护层;7-冷却水

图 4.3　冲刷试验仪叶轮结构

(2) 试模:环形金属模。规格为外径 322^{0}_{-1} mm,内径 202 mm±0.5 mm,高 60 mm±0.5 mm。注意也可采用转速更高的电机和其他规格的试件。

(3) 天平:称量 20 kg,感量 100 mg。

2) 试验方法及步骤

(1) 按《水工混凝土试验规程》(DL/T 5150—2001)中"混凝土试件的成型与养护方法"

制备试件,允许骨料最大粒径为 20 mm,超过时用湿筛法剔除。试验以三个试件为一组。

(2) 到达试验龄期的前两天,将试件放入水中浸水饱和。

(3) 试验时,取出试件,擦去表面水分,称量。

(4) 将试件托盘从冲刷仪中取出,在托盘底部放好防护垫层及隔砂泡沫塑料垫圈,然后放入试件,在试件圆环内加入磨损剂,盖上泡沫塑料隔砂圈及止水橡皮垫圈。磨损剂为 0.5~0.85 mm 的石英标准砂与水的混合物。每次加入量为砂 150 g,水 1000 mL。

(5) 将装好试件的托盘装入冲刷仪,转动手轮压紧试件,打开冷却水,启动电动机并计时。

(6) 冲磨 30 min 后停机,取出试件,用水冲洗干净,擦去表面水分,称量。

(7) 更换磨损剂,按上述步骤重复试验三次。

需要时可适当增加试验次数,但同批试件的试验次数应相同,增加的试验次数应在报告中说明。

3) 试验结果计算

混凝土抗含砂水流冲刷的指标以抗冲耐磨强度或磨损率表示,抗冲耐磨强度与磨损率按式(4.5)、式(4.6)计算:

$$f_a = \frac{TA}{\Delta M} \tag{4.5}$$

$$L = \frac{\Delta M}{TA} \tag{4.6}$$

式中:f_a——抗冲耐磨强度,即单位面积上被磨损单位质量所需的时间,h/(g/cm^2);

L——磨损率,即单位面积上在单位时间里的磨损量,g/(h·cm^2);

ΔM——经 T 时段冲磨后,试件损失的累计质量,g;

T——试验累计时间,h;

A——试件受冲磨面积,cm^2。

本试验中 A 为 380 cm^2。

将一组三个试件测值的平均值作为试验结果。如单个测值与平均值的差值超过 15%时,则此值应剔除,以余下两个测值的平均值为试验结果。若一组中可用的测值少于两个,则该组试验应重做。

试验若采用转速更高的电机和其他规格的试件,应在试验结果中注明。

4.1.4 水砂磨损机试验法

试验按照《水工建筑物抗冲耐磨防空蚀混凝土技术规范》(DL/T 5207—2005)的附录 A 中提出的水砂磨损机试验方法进行(中华人民共和国国家发展和改革委员会,2005)。

该方法原理是:具有一定含沙量的水体,经由抽水叶片、螺旋叶片和分水叶片的作用,形成高速含砂水流喷射到试件表面,对材料产生冲磨作用。测定混凝土抵抗高速含砂水流的冲磨能力,用于评价混凝土或其他材料的抗磨性能。

1. 试验设备

(1)旋转式水砂磨损机:结构如图4.4所示。

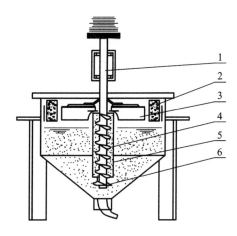

图 4.4　旋转式水沙磨损机结构示意图

1-旋转轴;2-试件;3-分水叶片;4-螺旋叶片;5-吸水筒;6-抽水叶片

旋转式水砂磨损机主要技术参数如下:①旋转轴。标准转速为 1320 r/min。根据需要,可采取机械或电气手段改变旋转轴转速,达到改变含砂水流冲磨速度的目的。②分水叶片。四片垂直固定在旋转轴上,外缘半径 208.6 mm。当旋转轴转速为 1320 r/min 时,含砂水流圆周切线速度(冲磨速度)为 28.8 m/s。③螺旋叶片。固定在旋转轴上,直径80 mm,间距30 mm。④吸水筒。直径 110 mm,高度 350 mm。⑤电动机。4.0 kW,额定转速 1440 r/min,通过三角皮带与旋转轴相连。

(2)天平:称量 10 kg,感量 0.1 g。

(3)磨料:福建平潭硬练石英砂,粒径范围为 0.16～0.63 mm。

(4)混凝土试件:高度 150 mm,厚度 96 mm,内侧面圆弧半径 212 mm,弧长 111 mm。试件受冲磨高度 90 mm,每块试件受冲磨面积 100 cm²。混凝土试件以三块为一组,每次试验可同时进行四组试件的平行试验。试件形状及排布如图4.5所示。

2. 试验方法及步骤

(1)混凝土拌和物拌和及试件成型与养护,按《水工混凝土试验规程》(DL/T 5150—2001)中有关规定进行。

(2)到达试验龄期前两天,将试件放入水中浸水饱和。

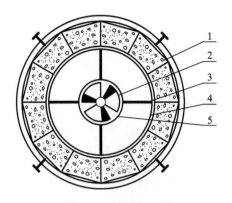

图 4.5　混凝土试件及其排布示意图

1-试块；2-旋转叶片；3-分水叶片；4-试块搁环；5-吸水筒

（3）向试验机内注足水及磨料。

磨耗介质标准含砂率＝磨料砂/（水＋磨料砂）＝3.0%

根据需要，可以增减含砂率值，但含砂率最大值不得超过 6%，并应在报告中注明。

（4）试验时，从水中取出试块，用湿毛巾抹去表面水分，使呈饱和面干状态。称其质量，准至 0.1 g，记录为冲磨前质量。

（5）将试块放于试块搁环上，并使其弧面紧贴内环沿。调整内弧面的平整度，上紧固紧螺丝，盖上橡皮垫圈，紧固盖板螺丝。

（6）启动电动机，并记录冲磨起始时间。

（7）每冲磨 60 min 后，停机取出试件。用水将其冲洗干净，抹去表面水分，称其质量，准至 0.1 g，记录为冲磨后质量。测量其被冲磨的宽度和深度，并予记录。

（8）更换磨耗介质（水及磨料砂同时更换）。按前述步骤重复试验 10 次（即累计冲磨 10 h），试验结束。若试件冲磨深度≥5 mm，也可结束试验。根据需要，可适当增加试验次数，并应在报告中注明。

3. 试验结果计算

混凝土抗含砂水流冲磨磨损率，按式（4.7）计算：

$$N = \frac{M_0 - M_t}{ST} \tag{4.7}$$

式中：N——磨损率，单位面积上在单位时间内被磨损的质量，kg/（h·m²）；

M_0——试件冲磨前质量，kg；

M_t——历时 t 小时冲磨后试件的质量，kg；

T——试件受冲磨累计历时，h；

S——试件受冲磨面积，m²。

对于标准试件，受冲磨面积为 0.01 m²。

混凝土抗含砂水流冲磨强度 $R[\text{h}/(\text{kg}/\text{m}^2)]$，即单位面积上每磨损 1 kg 所需小时数，按式(4.8)计算：

$$R = \frac{1}{N} \tag{4.8}$$

将一组三块试件测值的算术平均值作为试验结果。当单个测值与平均值之差超过平均值的 15% 时，则此值应予剔除，取两个测值的平均值为试验结果。若一组中可用的测值少于两个时，该组试验应重做。

4.1.5　高速水砂法冲磨试验

高速水砂法采用高速水砂抗冲耐磨试验仪，含砂水流最高流速可达 60 m/s，冲磨破坏作用较常规设备显著增强，加速试件破坏，有效地缩短了试验时间（高欣欣 等，2011；Wang et al.，2012）。高速水砂法采用金刚砂磨料，水流含砂率为 7%，含砂水流冲磨速度为 40 m/s，试验时间根据冲磨效果确定。

4.1.6　风砂枪法

参照《水工混凝土试验规程》(DL/T 5150—2001)中提到的风砂枪法（中华人民共和国国家经济贸易委员会，2002），测定混凝土及各种抗冲耐磨材料的抗冲耐磨性能。适用于研究和评定混凝土及其他材料抵抗高速含砂水流冲刷作用的性能。

1. 试验设备

(1) 空气压缩机：额定风压 $\geqslant 0.8$ MPa，额定风量 $\geqslant 4.0$ m³/min，附高压空气散热控温装置，高压空气温度应控制在 40 ℃以下。

(2) 喷嘴与喷头：结构如图 4.6、图 4.7 所示。

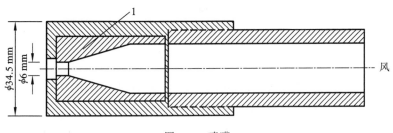

图 4.6　喷嘴

1-瓷质喷嘴

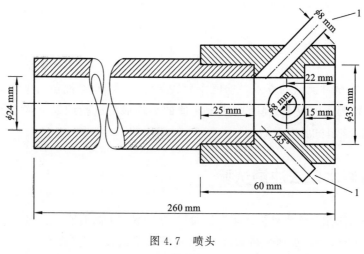

图 4.7　喷头

1-加水孔

喷头为易损部件,每运行 4 h,应将喷头管旋转 30°,运行 48 h,更换一根喷头管。喷头座内部被磨损产生的沟痕深超过 2.5 mm 时,也应予更换。

（3）加砂装置:如图 4.8 所示。

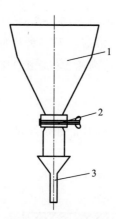

图 4.8　加砂装置示意图

1-铁皮筒;2-阀门;3-漏斗

调节阀门开度可控制加砂速度,当阀门全开时,加砂速度为 35～40 g/s。

（4）标准压力表:量程 1.0 MPa,最小刻度读数 0.005 MPa。

（5）试件支架及试件行走装置:试件支架上可同时安放15 cm×15 cm×15 cm 的立方体试件六块。调节试件支架的翻转架,可改变试件表面与喷砂射流的夹角。启动试件行走装置,试件架以均匀速度左右移动。试件支架使试件表面与喷头管出口保持 30 cm 的距离。

（6）天平:称量 20 kg,感量 0.1g。

（7）砂速测量器（同轴双圆盘测速器）：结构如图 4.9 所示，用于测定喷射砂粒速度。

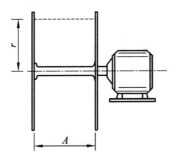

图 4.9　砂速测量器结构示意图

A 为双盘间距；r 为盘半径。

2. 试验方法及步骤

（1）磨料砂准备。试验前，将天然河砂晒干，筛除 2.50 mm 以上的粗粒及 0.16 mm 以下的粉尘。进行筛分析试验。计算细度模数或粒径 $d_计$，见式（4.9）。

$$d_计 = \frac{\sum \frac{1}{2}(\text{上筛孔尺寸} + \text{下筛孔尺寸}) \times \text{筛余} \%}{100} \tag{4.9}$$

（2）混凝土试件准备。混凝土试件为 15 cm×15 cm×15 cm 的立方体，每组三块。试件制备、养护等均按 DL/T 5150—2001 中 4.1"混凝土试件的成型与养护方法"进行。

试件饱水处理。试件标准养护至试验龄期后，进行饱水处理。当试件在水中浸泡 24 h，两次称量质量增加不大于 0.1 g 时，即已达浸水饱和。

（3）冲磨前取出已饱水试件，抹干表面，称量为 G_1，准至 0.1 g。在试件上做好被冲面及冲磨方向的标记。

（4）按预定冲角（α）调整试件支架，排放试件。

（5）在加砂装置内注满磨料砂，并用直尺将铁皮筒顶部刮平。

（6）启动空气压缩机，调整风压至预定值，准至 0.005 MPa，且试验过程中维持风压不变。

（7）启动试件行走装置，打开进砂阀门，同时开动秒表计时，试件逐块被风砂冲磨。

（8）不断向加砂装置内补充磨料砂，维持其砂料高度不变。

（9）当试件往复运动四个循环后，关闭进砂阀门、试件行走装置及空压机，停止秒表，记录冲磨历时（T）。

（10）将加砂装置铁皮筒顶用直尺刮平，称量磨料砂消耗量（M）。

（11）取出试件，清洗试件表面，抹干表面，称量为 G_2，准至 0.1 g，试件损失量为 $G_1 - G_2$。

（12）重复上述试验，分别测得每次冲磨损失量 $(G_1 - G_2)_i$，以及每次消耗砂量 M_i

和冲磨历时 T_i。冲磨次数(n)一般为 $n \geqslant 4$。当冲磨磨损率 $L_i(a)$ 趋于稳定值时,试验结束。

3. 试验结果计算

1)冲磨磨损率计算

每次冲磨耗砂量和磨损率按式(4.10)、式(4.11)计算。

每块试件每次冲磨消耗砂量:

$$m_i = \frac{M_i}{6} \tag{4.10}$$

试件每次冲磨磨损率:

$$L_i(\alpha) = \frac{(G_1 - G_2)_i}{m_i} \tag{4.11}$$

式中:α 为预定的冲角。

2)累计磨损率 $L_0(\alpha)$

试件累计磨损率按式(4.12)计算:

$$L_0(\alpha) = \frac{\sum\limits_{i=1}^{n}(G_1 - G_2)_i}{\sum\limits_{i=1}^{n} m_i} \tag{4.12}$$

取每组三块试件累计磨损率的平均值作为该组混凝土累计磨损率。

3)稳定磨损率 $L_s(\alpha)$

试件稳定磨损率按式(4.13)计算:

$$L_s(\alpha) = \frac{\text{试件达到稳定磨损阶段的磨损量}}{\text{达到稳定磨损阶段的冲磨砂量}} \tag{4.13}$$

取每组三块试件稳定磨损率的平均值作为该组混凝土稳定磨损率。

4)抗冲耐磨强度计算

抗冲耐磨强度按式(4.14)计算:

$$f_a = \frac{TA\rho_c}{L(\alpha)M} \tag{4.14}$$

式中:f_a——抗冲耐磨强度,即磨损 1 cm 深所需小时数,h/cm;

　　T——平均冲磨历时,h;

　　ρ_c——混凝土密度,g/cm³;

　　A——试件受冲磨面积,225 cm²;

　　M——平均冲磨砂量,kg;

　　$L(\alpha)$——冲磨磨损率,分别取 $L_0(\alpha)$ 或 $L_s(\alpha)$,g/kg。

4.1.7　其他冲磨试验方法

1. 基于离心式混凝土抗冲耐磨试验仪的方法

葛洲坝集团试验检测有限公司研制了一款离心式混凝土抗冲耐磨试验仪,主要用于研究水工建筑物材料抵抗水流或含砂水流冲磨的性能(葛洲坝集团试验检测有限公司, 2010)。离心式混凝土抗冲耐磨试验仪的结构如图 4.10 所示。

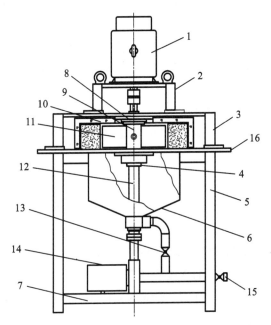

图 4.10　离心式混凝土抗冲耐磨试验仪结构示意图

1-动机,功率为 7.5 kW,三相交流,电压为 380 V,额定转速为 2900 r/min;
2-电动机座;3-上支撑架;4-下轴承座;5-下支撑架;6-水砂筒;7-水泵座;
8-上轴承座;9-空心轴;10-挡水罩;11-矩形管;12-进水管;13-水阀;
14-水泵,额定流量 17 m³/h,额定扬程 10 m,电机功率为 0.75 kW,单相交流,电压为 220 V;
15-泄水阀;16-工作台面

1) 工作原理

固定在水泵座上的水泵将水砂筒中存放的水砂混合液通过进水管提升,通过矩形管的两端喷出,因矩形管旋转提升的水砂流被加速甩出。受冲磨的圆弧形试件共有 9 个,9 个试件以矩形管旋转轴线为中心,形成一个封闭的试件环,将矩形管围在环内。两个半圆形的挡水罩组合在一起固定在工作台面上,将试件环封闭其中。从高速旋转的矩形管两端甩出的高速水砂流冲击到试件环的内壁上,对试件进行冲刷和磨耗。水砂流被约束在试件环和挡水罩之中,不会流失,一次冲磨完成后又流回水砂筒内被水泵再次提升,继续参与冲磨,周而复始,一直冲磨到规定的时间才停止。测出冲磨前后的试件质量差,进而可以计算出混凝土的抗冲耐磨性能。

2) 优点

（1）水泵使水砂流在管道中循环,提升的水砂流通过矩形管甩出,全部参与对试件的冲磨。高速旋转的矩形管使水砂流得到较高的流速,从而使该仪器具有较高的冲磨功效。

（2）通过变频器,电动机的转速可以在一定范围内平滑调节,能满足不同冲磨速度的要求。

（3）一次可测试三组试件,每组三块,仪器利用率高。

（4）出口为狭缝式的矩形管,水泵提供较高的水压,使水砂流在冲磨试件时分布较均匀,不会在试件上冲磨出深浅不一的痕迹,保证了冲磨结果的合理性。

（5）水砂流流量可根据需要适当调节。

（6）整个试验仪结构设计紧凑,连接牢固,接触处有缓冲件,运行时噪音和振动较小。

3) 技术参数

（1）型号:KCM9。

（2）冲磨电动机:功率为 7.5 kW,三相交流,电压为 380 V,额定转速为 2900 r/min。供电频率不大于 50 Hz。

（3）冲磨速度:空心轴最大转速为 2900 r/min,对应的水砂流脱离矩形管口的速度为 60 m/s,可实现 60 m/s 速度以下的无级变速。

（4）水泵:最大流量为 16 m³/h,最大扬程为 12 m,电机功率为 0.75 kW,单相交流,电压为 220 V。

（5）流量:空心轴静止状态下,矩形管管口最大出流量为 6.32 L/s。进水管水阀处设有四个标线,从上到下依次对应的出流量分别为 1.42 L/s、3.08 L/s、5.90 L/s、6.32 L/s。矩形管管口与空心轴轴线距离为 195 mm。矩形管出口个数为两个。矩形管过流断面尺寸为高×宽＝120 mm×15 mm。

（6）磨料:最大粒径 1.0 mm,磨料与水质量最大比例为 3∶20。

（7）主机尺寸:长×宽×高＝1200 mm×800 mm×1758 mm。

（8）主机质量:约 900 kg。

（9）控制柜:长×宽×高＝600 mm×450 mm×1040 mm。

（10）内置变频器:功率为 7.5 kW,三相交流,电压为 380 V。

（11）试件尺寸:试件内弧长 146.6 mm,高度 150 mm,厚度 120 mm,内外侧壁为同心圆弧面,内侧圆弧直径 420 mm,外侧圆弧直径 660 mm,圆心角 40°。有效受冲面高度 120 mm,冲磨面积 17 593 mm²。

2. 基于可调速水砂冲磨试验仪的方法

在模拟高强度材料抗高速含砂水流冲磨破坏试验中,没有统一的仪器设备,已有的设备存在水流流速较低、结构复杂、试验效率较低等缺陷。单一采取螺旋输水离心加速或泵压加速水流的方法能够达到的最大水流流速为 40 m/s,采用离心加速和泵压加速组合加速的方法能够实现较高的水流速率,但结构复杂,设备运行稳定性受到很大影响,而且已有设计的试样数量较少,冲磨试验效率相对较低。

长江水利委员会长江科学院设计了一种结构简单、操作便捷的可调速水砂冲磨试验仪(长江水利委员会长江科学院等,2016)。可调速水砂冲磨试验仪(图 4.11),包括锥形水砂桶、环形冲磨试样盘、螺旋输送管、加速喷管、变速电机、设置在螺旋输送管内部的输送螺杆等。环形冲磨试样盘固定在锥形水砂桶的圆形顶面边缘,环形冲磨试样盘的下端固定设置有输送管支架,环形冲磨试样盘的水平中央平面为试样测试区,环形冲磨试样盘的水平中央平面与加速喷管的水平中轴线位于同一平面上,螺旋输送管设置在锥形水砂桶的中轴线上,螺旋输送管上部设置有径向的凸缘,加速喷管的下端中部设置有接口,接口套设在螺旋输送管上并与凸缘的上端面抵触,凸缘的下端面固定在输送管支架上,输送螺杆的上端依次与加速喷管和第一滚轮固定连接,变速电机的输出端设置有第二滚轮,第一滚轮和第二滚轮通过传送带相连。输送螺杆的上端与第一滚轮焊接。

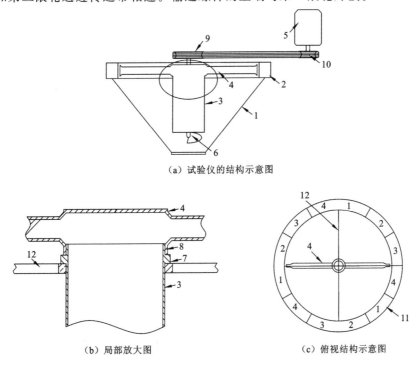

（a）试验仪的结构示意图

（b）局部放大图　　　　　　　　　　（c）俯视结构示意图

图 4.11　可调速水砂冲磨试验仪示意图

1-锥形水砂桶;2-环形冲磨试样盘;3-螺旋输送管;4-加速喷管;5-变速电机;6-输送螺杆;
7-凸缘;8-接口;9-第一滚轮;10-第二滚轮;11-试样测试区;12-输送管支架

可调速水砂冲磨试验仪的优点在于：

（1）输送螺杆和加速喷管可以同轴同步旋转，使设备结构更加紧凑和简洁；

（2）加速喷管出口水砂混合液流速可达 60 m/s 以上；

（3）螺旋输送管与加速喷管的套接设计，可使加速管高速旋转，尺寸精确配合连接，不漏水；

（4）锥形水砂桶形状和输送螺杆的组合设计，使试验中的水流能够保证均匀的含沙量；

（5）环形冲磨试样盘可以布置更多试样，各试样可以保证相同的受冲磨状态，试验效率更高。

4.1.8　漆膜抗冲耐磨性能测试

1. 耐磨性

按照《色漆和清漆耐磨性的测定旋转橡胶砂轮法》（GB/T 1768—2006/ISO 7784—2：1997）（中华人民共和国国家质量监督检验检疫总局和中国国家标准化管理委员会，2007a），采用磨耗试验仪测定涂层的耐磨性。除非另外商定，在温度为（23±2）℃和相对湿度为（50±5）%的条件下，用固定在磨耗试验仪上的橡胶砂轮摩擦色漆或清漆的干燥膜，试验时需要在橡胶砂轮上加上规定质量的砝码。耐磨性以经过规定次数的摩擦循环后漆膜的质量损耗来表示，或者以磨去该道涂层至下道涂层或底材所需要的循环次数来表示。

聚脲弹性体的耐磨性可参考《喷涂聚脲防水涂料》（GB/T 23446—2009）的方法（中华人民共和国国家质量监督检验检疫总局和中国国家标准化管理委员会，2009a），涂层厚度为（1.5±0.2）mm，尺寸为 φ100 mm，转盘转速为 500 r/min，采用 CS-10 型橡胶砂轮，加压负荷为 7.5 N。称量磨损前后涂膜质量的损失并进行分析，天平精度为 0.1 mg。

2. 耐冲击性

1)《漆膜耐冲击测定法》（GB/T 1732—1993）

按照《漆膜耐冲击测定法》（GB/T 1732—1993），采用 GB/T 1732—1993 中 3.2 规定的冲击试验器测试漆膜耐冲击性（国家质量技术监督局，1993）。以不引起漆膜破坏的最大高度（cm）来表示漆膜耐冲击性能。

在温度为（23±2）℃和相对湿度为（50±5）%的条件下，将漆膜试板漆膜朝上平放在铁砧上，试板受冲击部分距边缘不少于 15 mm，每个冲击点的边缘相距不得少于 15 mm。将质量为（1000±1）g 的重锤固定于某一高度，然后落于试板上，用 4 倍放大镜观察漆膜有无裂纹、皱纹及剥落等现象。

除另有规定或商定外,试板为马口铁板,应符合《色漆和清漆标准试板》(GB/T 9271—2008)技术要求,尺寸为50 mm×120 mm×0.3 mm(中华人民共和国国家质量监督检验检疫总局和中国国家标准化管理委员会,2008f);试板为薄钢板则应符合《冷轧钢板和钢带的尺寸、外形、重量及允许偏差》(GB/T 708—2006)技术要求,尺寸为65 mm×150 mm×(0.45~0.55) mm(供测腻子耐冲击性用)(中华人民共和国国家质量监督检验检疫总局和中国国家标准化管理委员会,2006)。

2) 大面积冲头的落锤试验法

按照《色漆和清漆快速变形(耐冲击性)试验:第 1 部分:落锤试验(大面积冲头)》(GB/T 20624.1—2006/ISO 6272—1:2002)规定的方法,采用 GB/T 20624.1—2006 中4.1 规定的落锤仪测定(中华人民共和国国家质量监督检验检疫总局和中国国家标准化管理委员会,2007b)。涂层耐冲击性以涂层变形引起开裂所需的千克·米数值来表示。

在温度为(23±2) ℃和相对湿度为(50±5)％的条件下,将落锤调节至一定高度,释放落锤使其落在涂布了涂层的试板上,使用放大镜检查涂层是否开裂或从底材上剥落,以及底材是否开裂。在不同的位置重复另外四次试验,给出总数为五个点的结果,如果至少四个位置显示没有开裂或没从底材上剥落,则报告涂层通过该试验。

如果没有观察到开裂和/或剥落现象,依次在更高位置上重复试验直至观察到开裂和/或剥落,每次增加的高度是 25 mm 或 25 mm 的倍数,记录第一次观察到开裂和/或剥落的高度。如果当落锤上升到仪器所允许的最大高度落下时仍未观察到开裂和/或剥落,则加上副锤使质量达到 2 kg、3 kg 或 4 kg,重复试验。

一旦观察到开裂和/或剥落,则从以下三个高度分别释放适当质量落锤到试板上五个不同位置:第一次观察到开裂和/或剥落的高度,比此位置高 25 mm 处,比此位置低 25 mm 处。以通过或未通过为结果将上述 15 个结果制成表,将从大部分通过到大部分未通过转变的质量/高度组合作为试验的最终点。如果最终点不能被确定,重复本步骤,取全部三种高度(包括高于25 mm 或低于 25 mm 高度)作为适用值,以保证试验终点包括在这些试验高度范围内。

本试验中,主落锤顶端有一个直径为(20±0.3) mm 的球形冲头,总质量为(1000±1) g;为了增加试验强度还可以将副锤加到落锤上,每个副锤的质量可以是(1000±1) g 或(2000±2) g,使总负荷达到 1 kg,2 kg,3 kg 或 4 kg。

本试验中,使用的底材应为符合《色漆和清漆标准试板》(GB/T 9271—2008)要求的金属,平整、没有变形且厚度至少为 0.25 mm,大小应允许至少在五个不同位置进行试验,每个位置之间至少相距40 mm,并且离板的边缘至少为 20 mm,在涂膜前应按 GB/T 9271—2008要求进行预处理。

3) 小面积冲头的落锤试验法

按照《色漆和清漆快速变形(耐冲击性)试验:第 2 部分:落锤试验(小面积冲头)》(GB/T 20624.2—2006/ISO 6272—2:2002)规定的方法测定(中华人民共和国国家质量监督检验检疫总局和中国国家标准化管理委员会,2007c)。涂层耐冲击性以涂层变形引起开裂所需的千克·米数值来表示。

在温度为(23±2)℃和相对湿度为(50±5)％的条件下,将待测涂料施涂于合适的金属薄板上,待涂层固定后,将一标准重锤降落一定距离冲击冲头(前端为一个直径为 12.7 mm或 15.9 mm 的半球形突出的钢质压头),使涂层及底材快速变形,可以是正冲也可以是反冲(即压痕可以是凹陷的也可以是凸出的)。通过逐渐增加重锤下落的距离(一次增加25 mm),测出涂层经常出现破坏的数值点。涂层一般以开裂方式破坏,可用放大镜观察,或在钢板上采用酸性硫酸铜溶液,或用真空探测仪观察。一旦观察到明显的裂纹,则在以下三个高度上各重复五次试验:略高一点、略低一点和首次观察到明显裂纹处。

对于每一千克·米等级,列表列出涂层通过和未通过的次数,从结果大部分通过到大部分未通过转变的数值点即为冲击破坏的终点。

以《有机涂层抗快速形变(冲击)作用的标准测试方法》ASTM D 2794—93(2010)的精密度数据为依据(美国材料与试验协会,1993),规定六个实验室的操作者分别对涂覆于两种金属底材上的耐冲击性具有较宽范围的三种涂层样品进行试验,实验室间的偏差系数如表 4.2 所示。

表 4.2　偏差系数

涂层类别	冲击方式	
	正冲(凹陷)/％	反冲(凸突)/％
脆性涂层(<0.07 kg·m)	25	100
一般涂层(0.07~1.61 kg·m)	80	100
柔性涂层(>1.61 kg·m)	10	25

注:冲头直径为 15.9 mm。

本试验中,使用的底材应为符合《色漆和清漆标准试板》(GB/T 9271—2008)要求的金属,厚度应为(0.55±0.10) mm,平整无扭曲,大小应允许至少在五个不同位置进行试验,每个位置之间至少相距 40 mm,并且离板的边缘至少 20 mm(中华人民共和国国家质量监督检验检疫总局和中国国家标准化管理委员会,2008f)。

3. 耐洗刷性

按照《建筑涂料涂层耐洗刷性的测定》(GB/T 9266—2009)的方法,采用 GB/T 9266—2009中 3.1 规定的耐洗刷试验仪,测定能制成平面状涂层建筑涂料的耐洗刷性(中华人民共和国国家质量监督检验检疫总局和中国国家标准化管理委员会,2009b)。洗刷到规定次数,在散射日光下检查试验样板被洗刷过的中间长度 100 mm 区域的涂层,观察是否破损露出底材;当平行试验的两块试板中至少有一块试板的涂层不破损至露出底材,则评定为"通过"。

本试验中,底材应为符合《纤维水泥平板:第 1 部分:无石棉纤维水泥平板》(JC/T 412.1—2006)中 NAF H V 级的无石棉纤维水泥平板,平整且无变形,尺寸为430 mm×150 mm×

(3～6) mm(中华人民共和国国家发展和改革委员会,2006)。按《涂料试样状态调节和试验的温湿度》(GB/T 9271—2008)规定对底材进行预处理后,涂覆待测涂层,并在GB/T 9278—2008规定条件下干燥 7 天(中华人民共和国国家质量监督检验检疫总局和中国国家标准化管理委员会,2008g)。

4.2　抗空蚀性能测试

　　按照《水工建筑物抗冲耐磨防空蚀混凝土技术规范》(DL/T 5207—2005)的附录 C 中提出的抗空蚀试验方法(中华人民共和国国家发展和改革委员会,2005)进行测试。抗空蚀试验采用缩放型强空蚀发生装置,喉口流速 48 m/s,在强空化状态下连续试验 8 h,研究材料表面受高速水流产生的空蚀作用的相对抗力,评价材料的相对抗空蚀性能。

　　抗空蚀性能评价指标包括平均质量损失、平均蚀损率、平均抗空蚀强度等。

4.2.1　试验设备

　　(1) 缩放型空蚀发生器:结构见图 4.12。

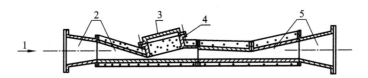

图 4.12　缩放型空蚀发生器示意图

1-高速水流;2-渐变段;3-试件箱盖;4-试件;5-渐变段

　　(2) 天平:称量 20 kg,感量 0.01 g。
　　(3) 试件:混凝土(或砂浆)试件断面尺寸为 200 mm×100 mm×100 mm,两侧各有一台阶,见图 4.13。

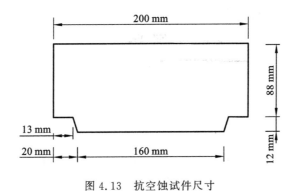

图 4.13　抗空蚀试件尺寸

4.2.2　试验方法及步骤

（1）按 DL/T 5150—2001 的要求制备试件,允许骨料最大粒径为 20 mm,试验以三个试件为一组。

（2）试验前,试件需在水中至少浸泡 48 h。

（3）试验时,取出试件,擦去表面水分,称量。

（4）将试件放入空蚀箱中,在箱盖间垫上止水橡皮垫圈,并用螺栓固定,使其密封。

（5）开启水阀,待灌满整个缩放管后,关水阀,启动水泵电动机,使水流由蓄水池吸入,加压后流经工作段,通过调节旁通道阀门(可通过观察压力表及阻尼装置)控制水流流速在 48 m/s(断面平均流速),调好工况后即开始计时。

（6）累计开机 8 h,取出试件,清洗干净,擦去表面水分,称量。

4.2.3　试验结果计算

混凝土(或砂浆)抗空蚀性能以抗空蚀强度或蚀损率表示。

抗空蚀强度按式(4.15)计算:

$$R = \frac{tA}{Q} \tag{4.15}$$

式中:R——抗空蚀强度,即单位面积上被空蚀单位质量所需时间,$h/(kg/m^2)$;

　　　t——试验累计时间,h;

　　　A——试件受蚀面积,m^2;

　　　Q——经 t 时段空蚀后,试件损失的累计质量,kg。

蚀损率按式(4.16)计算:

$$L = \frac{M_0 - M_t}{M_0} \tag{4.16}$$

式中:L——蚀损率,%;

　　　M_0——试验前试件质量,kg;

　　　M_t——试验后试件质量,kg。

将一组三块试件测值的算术平均值作为试验结果。当单个测值与平均值之差超过平均值的 15% 时,则此值应予剔除,取两个测值的平均值为试验结果。若一组中可用的测值少于两个时,该组试验应重做。

4.3　力学性能测试

本节主要介绍抗冲耐磨材料黏接强度、拉伸性能、压缩性能、弯曲性能等力学性能的测试方法。

涉及的标准主要有:"Standard Test Method For Pull-Off Strength of Coating Using Portable Adhesion Testers"(《用便携式附着力测试仪测定涂层拉脱强度的标准试验方法》)(ASTM D4541—2009)(美国材料与试验协会,2009),《色漆和清漆拉开法附着力试验》(GB/T 5210—2006)(中华人民共和国国家质量监督检验检疫总局和中国国家标准化管理委员会,2007d),《色漆和清漆漆膜的划格试验》(GB/T 9286—1998)(国家质量技术监督局,1999),《建筑防水涂料试验方法》(GB/T 16777—2008)(中华人民共和国国家质量监督检验检疫总局和中国国家标准化管理委员会,2008a),《环氧树脂砂浆技术规程》(DL/T 5193—2004)(中华人民共和国国家发展和改革委员,2004),《树脂浇铸体性能试验方法》(GB/T 2567—2008)(中华人民共和国国家质量监督检验检疫总局和中国国家标准化管理委员会,2008b),《硫化橡胶或热塑性橡胶拉伸应力应变性能的测定》(GB/T 528—2009)(中华人民共和国国家质量监督检验检疫总局和中国国家标准化管理委员会,2009c),《喷涂聚脲防水涂料》(GB/T 23446—2009)(中华人民共和国国家质量监督检验检疫总局和中国国家标准化管理委员会,2009d),《硫化橡胶或热塑性橡胶撕裂强度的测定(裤形、直角形和新月形试样)》(GB/T 529—2008)(中华人民共和国国家质量监督检验检疫总局和中国国家标准化管理委员会,2008c),《硫化橡胶或热塑性橡胶压入硬度试验方法:第 1 部分:邵氏硬度计法(邵尔硬度)》(GB/T 531.1—2008)(中华人民共和国国家质量监督检验检疫总局和中国国家标准化管理委员会,2008d)。

4.3.1　黏接强度

黏接强度常用的测试方法有拉开法(pull-off 法)和"8"字模法,对于厚度不大于 250 μm 且无纹理的涂层还可采用划格法。

1. 拉开法

按照《用便携式附着力测试仪测定涂层拉脱强度的标准试验方法》(ASTM D4541—2009),采用数字显示拉拔式附着力测试仪,直接精确地显示涂层与混凝土或砂浆基底的黏接强度(美国材料与试验协会,2009)。具体操作是先将涂覆于混凝土或砂浆基底上的涂层表面用砂纸轻轻打磨,再擦干净,用胶黏剂(一般选择环氧树脂和丙烯酸酯两类)将直径为 20 mm 或 50 mm 的试柱(钢或镀铝圆柱)黏在涂层上,室温干燥 1 天或置于 50 ℃烘箱里3 h,再在干燥环境下恢复室温。用定位器固定住试柱,再对液压泵施加拉力,拉力不能超过1 MPa/s,应在100 s内拉脱,显示器显示黏接强度读数。

也可按照《色漆和清漆拉开法附着力试验》(GB/T 5210—2006),或者《建筑防水涂料试验方法》(GB/T 16777—2008)中第7章 A法,采用拉伸试验机或万能试验机测定(中华人民共和国国家质量监督检验检疫总局和中国国家标准化管理委员会,2008a,2007d)。首先将抗冲耐磨涂层以均匀厚度施涂于混凝土或水泥砂浆基底上,对于普通防水涂层厚度按GB/T 16777—2008的要求应为0.5~1.0 mm,对于清漆或色漆,可按规定或商定的厚度。待涂层完全固化后,用胶黏剂将拉伸用夹具黏接到涂层表面。胶黏剂固化后,在与基底垂直方向上施加拉应力,对于普通防水涂层按GB/T 16777—2008的要求直接控制拉伸速度为(5±1) mm/min;对于清漆或色漆则按GB/T 5210—2006的要求施加均匀且不超过1 MPa/s速度稳步增加的拉应力,破坏过程在90 s内完成。最后,测出破坏涂层/基底间附着所需的拉力,黏接强度由破坏力除以黏接面积计算得到,同时标注基体破坏情况。

2."8"字模法

对于环氧类(主要是环氧基液)、聚脲类、聚合物乳液类材料,一般采用"8"字形水泥砂浆块作为黏接基材,"8"字模符合GB/T 16777—2008的要求,长78 mm,腰部内表面之间宽度为22.5 mm±0.1 mm,试模腰部两边最大厚度22.2 mm。随后,按照《建筑防水涂料试验方法》(GB/T 16777—2008)中第7章 B法,使用拉伸试验机或万能试验机测定黏接强度,拉伸速度为(5±1) mm/min。记录黏接强度的同时,需标注基体破坏情况。

需注意的是,一般使用的"8"字形水泥砂浆块是在烘箱中干燥的试件,所测得的是干黏接强度。若需了解涂层与潮湿基面的黏接强度,应将"8"字形水泥砂浆块在(23±2) ℃水中浸泡24 h,取出后用湿毛巾揩去水渍并晾置5 min,随后在砂浆块断面涂刷厚度不超过0.5 mm的待测涂层,先在温度为(23±2) ℃、相对湿度为(50±5)%的条件下放置4 h,再在温度为(20±1) ℃、相对湿度不小于90%条件下养护7天。养护至规定龄期后,用拉伸试验机以(5±1) mm/ min的速度拉伸至试件破坏,记录最大拉力,并计算湿黏接强度。

对于环氧砂浆,也可按《环氧树脂砂浆技术规程》(DL/T 5193—2004)中"8"字模法,以(1±0.5) mm/min的拉伸速度测试其与水泥砂浆的黏接抗拉强度。首先,制备28天抗拉强度大于4.0 MPa的"8"字形水泥砂浆试件,其尺寸与"8"字形拉伸试件相同,腰部内表面之间宽度为25 mm±0.25 mm,试模腰部两边最大厚度25 mm,允许变动范围为-0.05~0.10 mm。随后,将锯开的半个"8"字形水泥砂浆或混凝土砂浆放入涂有脱模剂的"8"字形试模中,在断面涂上环氧基液,将环氧砂浆分两层浇入余下的半个"8"字形试模中。最后,用拉伸试验机以(1±0.5) mm/min的速度拉伸至试件破坏,记录最大拉力,并计算黏接强度。

3. 漆膜划格法

对于厚度不大于 250 μm 且无纹理的涂层,可按照《色漆和清漆漆膜的划格试验》(GB/T 9286—1998)规定的方法测定涂层与基底的附着力(国家质量技术监督局,1999),适用的基底包括硬质底材(如钢板)和软质底材(如木材和塑料)。

该法通过以直角网格图形切割涂层穿透至基底的情况,来评定涂层从基底上脱离的抗性。当用于多层涂层体系时,可用来评定涂层体系中各道涂层从其他涂层脱离的抗性。

4.3.2　拉伸性能

拉伸性能测试主要包括材料本体的拉伸强度、断裂伸长率等性能参数的测定,采用的试件通常为哑铃型试件。对于环氧砂浆也可采用"8"字模法测定其抗拉强度。

1. 哑铃型试件

环氧类涂层(包括环氧基液、环氧砂浆、环氧混凝土)可按照《树脂浇铸体性能试验方法》(GB/T 2567—2008)中拉伸试验方法进行试验(中华人民共和国国家质量监督检验检疫总局和中国国家标准化管理委员会,2008b)。首先制备如图 4.14 中尺寸的拉伸试件,试件总长度应不小于 200 mm,狭窄部分长(60.0±0.5) mm、宽(10.0 ±0.2) mm、标准厚度3.5～4.5 mm,其中拉伸试验段的长度为(50.0±0.5) mm。随后,测定试件的抗拉强度、断裂伸长率、弹性模量等,测定拉伸强度时拉伸速度为 10 mm/min,仲裁试验速度为 2 mm/min,测定弹性模量、应力-应变曲线时拉伸速度为 2 mm/min。

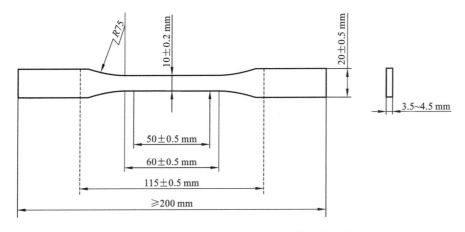

图 4.14　GB/T 2567—2008 规定的拉伸试件形状及尺寸

聚合物乳液类、聚脲类等材料按照《建筑防水涂料试验方法》(GB/T 16777—2008)中拉伸性能试验方法进行试验(中华人民共和国国家质量监督检验检疫总局和中国国家标准化

管理委员会,2008a)。首先,制备符合《硫化橡胶或热塑性橡胶拉伸应力应变性能的测定》
(GB/T 528—2009)规定的Ⅰ型哑铃状试件(图 4.15);该试件总长度应不小于 115 mm,狭窄
部分长(33.0±2.0) mm、宽($6.0_0^{+0.4}$) mm、标准厚度(2.0±0.2) mm,其中拉伸试验段的长度
为(25.0±0.5) mm(中华人民共和国国家质量监督检验检疫总局和中国国家标准化管理委
员会,2009c)。随后,按照 GB/T 16777—2008 中 9.2.1 进行拉伸试验,测定拉伸强度和断
裂伸长率,以及经不同处理(如光热老化、介质腐蚀试验)后拉伸性能保持率。对于高延伸
率涂层应采用拉伸速度 500 mm/min,对于低延伸率涂层应采用拉伸速度200 mm/min。
聚脲类涂层一般按照《喷涂聚脲防水涂料》(GB/T 23446—2009)要求,采用拉伸速率
(500±50) mm/min(中华人民共和国国家质量监督检验检疫总局和中国国家标准化管理
委员会,2009d)。聚合物乳液砂浆(如丙乳砂浆)一般采用拉伸速度 200 mm/min。

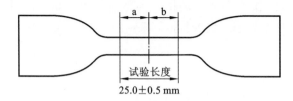

图 4.15　GB/T 528—2009 规定的Ⅰ型哑铃状试件形状(a＝b)

2.“8”字模法

对于环氧砂浆材料,也可按照《环氧树脂砂浆技术规程》(DL/T 5193—2004)方法(中
华人民共和国国家发展和改革委员会,2004),采用“8”字模法,利用万能材料试验机以
(1.0±0.5) mm/min的拉伸速度,测试环氧砂浆在规定龄期的抗拉强度。

环氧砂浆的“8”字模如图 4.16 所示,腰部内表面之间宽度为(25±0.25) mm,试模腰
部两边最大厚度 25 mm,允许变动范围为−0.05～0.10 mm。

4.3.3　压缩性能

按照《树脂浇铸体性能试验方法》(GB/T 2567—2008)中压缩试验方法进行试验(中
华人民共和国国家质量监督检验检疫总局和中国国家标准化管理委员会,2008b)。首先
制备直径(10.0±0.2) mm、高(25.0±0.5) mm 的圆柱形压缩试件。随后,采用万能试验
机测定试件的抗压强度、弹性模量等,测定抗压强度时试验速度为 5 mm/min,仲裁试验速
度为 2 mm/min,测定弹性模量、应力-应变曲线时拉伸速度为 2 mm/min。

对于环氧砂浆,可按照《环氧树脂砂浆技术规程》(DL/T 5193—2004)要求进行试验(中
华人民共和国国家发展和改革委员会,2004)。其中,抗压强度试模采用 40 mm×40 mm×40 mm
立方体,压缩弹性模量试模采用 40 mm×40 mm×160 mm 棱柱体。

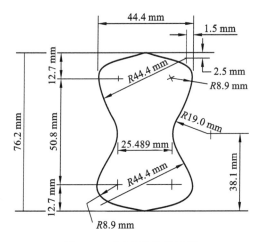

图 4.16　"8"字形拉伸试模

4.3.4　弯曲性能

按照《树脂浇铸体性能试验方法》(GB/T 2567—2008)中三点弯曲试验方法进行试验(中华人民共和国国家质量监督检验检疫总局和中国国家标准化管理委员会,2008b)。三点弯曲试验装置如图 4.17 所示,跨距 L 为 $(16\pm1)h$,加载上压头半径 R 为 (5.0 ± 0.1) mm,试样厚度大于 3 mm 时,r 为 (5.0 ± 0.2) mm。测试弯曲强度时试验速度为 10 mm/min,测定弯曲弹性模量时试验速度为 2 mm/min,仲裁检验速度为 2 mm/min。

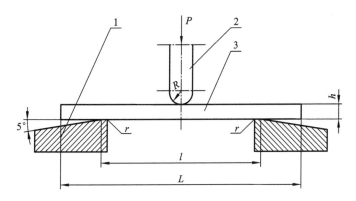

图 4.17　三点弯曲试验装置示意图

1-试样支座;2-加载上压头;3-试样

弯曲试验的试件尺寸要求如下:仲裁检验的试样厚度为 (4.0 ± 0.2) mm,常规检验的试样厚度为 3.0～6.0 mm(一组试样厚度公差±0.2 mm),宽度 15 mm,长度不小于 20 倍的厚度值,任一试样上在其长度的中部 1/3 范围内试样厚度与其平均值之差不大于平均厚度的 2%，该范围内试样宽度与其平均值之差不大于平均宽度的 3%。

对于环氧砂浆，可按照《环氧树脂砂浆技术规程》（DL/T 5193—2004）方法进行试验（中华人民共和国国家发展和改革委员会，2004）。弯曲强度试件采用 25 mm×25 mm×320 mm 棱柱体，试件长度和宽度比为 13：1。试验过程中，均匀加荷不要有冲击，使试件在（60±30）s 内断裂，测定加荷时试件中段的弯曲变形，加荷速度为 1～5 mm/min。

4.3.5　其他

按照《硫化橡胶或热塑性橡胶撕裂强度的测定（裤形、直角形和新月形试样）》（GB/T 529—2008）的方法测定撕裂强度（中国国家质量监督检验检疫总局和中国国家标准化管理委员会，2008c）。制备 5.1.2 规定的无割口直角形试件，试验速度为（500±50）mm/min。

按照《建筑防水涂料试验方法》（GB/T 16777—2008）的方法测定低温弯折性（中国国家质量监督检验检疫总局和中国国家标准化管理委员会，2008a）。

按照《硫化橡胶或热塑性橡胶压入硬度试验方法：第 1 部分：邵氏硬度计法（邵尔硬度）》（GB/T 531.1—2008），利用邵 A 橡胶硬度计测材料的硬度（中国国家质量监督检验检疫总局和中国国家标准化管理委员会，2008d）。

此外，还可利用动态热机械分析仪（dynamic thermomechanical analysis，DMA）分别考察各材料在不同频率下的力学性能，主要包括储能模量（E'）、损耗模量（E''）、力学损耗（$\tan\delta$）及杨氏模量。

4.4　耐候性能测试

本节主要介绍抗冲耐磨材料耐候性测试方法，主要包括紫外光加速老化、氙灯加速老化、热空气老化试验方法，以及耐介质腐蚀、抗冻融、抗渗等性能试验方法等。

涉及的标准主要有：《建筑防水材料老化试验方法》（GB/T 18244—2000）（国家质量技术监督局，2000），《建筑防水涂料试验方法》（GB/T 16777—2008）（中华人民共和国国家质量监督检验检疫总局和中国国家标准化管理委员会，2008a），"Standard Practice for Fluorescent UV-Condensation Exposures of Paint and Related Coatings"（《涂料及相关涂层紫外线/冷凝暴露试验》）（ASTM D4587—2005）（美国材料与试验协会，2005），《漆膜耐水性测定法》（GB/T 1732—1993）（国家质量技术监督局，1993），《色漆和清漆耐液体介质的测定》（GB/T 9274—1988）（国家标准局，1989），《建筑涂料涂层耐碱性的测定法》（GB/T 9265—2009）（中华人民共和国国家质量监督检验检疫总局和中国国家标准化管理委员会，2009e），《色漆和清漆涂层老化的评级方法》（GB/T 1766—2008）（中华人民共和国国家质量监督检验检疫总局和中国国家标准化管理委员会，2008e），《分析实验室用水规格和试

验方法》(GB/T 6682—2008)(中华人民共和国国家质量监督检验检疫总局和中国国家标准
化管理委员会,2008h)《建筑涂料涂层耐冻融循环性测定法》(JG/T 25—1999)(城市建设环
境保护部,1999),《普通混凝土长期性能和耐久性能试验方法》(GB/T 50082—2009)(中华人
民共和国住房和城乡建设部和中华人民共和国国家质量监督检验检疫总局,2010)等。

4.4.1　紫外线加速老化

将抗冲耐磨材料本体或涂覆有抗冲耐磨材料的砂浆试件置于紫外线加速老化试验箱
中,测试其在紫外线/冷凝条件下或单纯紫外线辐照条件下的性能变化情况。

1. 荧光紫外-冷凝

按照《建筑防水材料老化试验方法》(GB/T 18244—2000)中人工气候加速老化(荧光紫
外-冷凝)和《涂料及相关涂层紫外线/冷凝暴露试验》(ASTM D4587—2005)规定的方法进行。

由于材料置于室外时,据统计每天至少有 12 h 频繁地遭受潮湿作用,这种潮湿作用
大多表现为凝露的形式,因而在紫外线加速老化试验中采用一个特殊的冷凝原理来模仿
室外潮湿,达到较为相似的环境条件。QUV 紫外线加速老化试验机(图 4.18)可用于模
拟暴露在紫外线、温度和潮湿等老化环境中的破坏作用。紫外荧光灯灯管一般选用
UVA-340 灯管,可最大程度地模拟太阳紫外线,冷凝系统可最有效地模拟户外潮湿的侵
蚀作用,水分渗入可能会造成涂层起泡等损坏。试验过程中紫外线光照和冷凝循环交替
进行,紫外线光照循环为 4 h,辐照度在 340 nm 处为 0.89 W/m²,黑板温度为(60±3) ℃;
无辐照冷凝循环为 4 h,黑板温度为(50±3) ℃。总的试验时间为相互商定的曝露小时数,
或在试件中产生相互商定的最小变化量所需的曝露小时数,通常选 720 h 或更长。

图 4.18　美国 Q-Lab QUV/spray 紫外线加速老化试验机

2. 紫外线

按照《建筑防水涂料试验方法》(GB/T 16777—2008)中的方法,将试件放入紫外线箱中,其灯管为 500 W 直管汞灯,灯管与箱底平行,距试件表面 47～50 mm,空间温度为 (45±2)℃,恒温照射 240 h。取出并在标准试验条件下放置 4 h,观测其外观、性能变化,包括拉伸性能、低温柔性、低温弯折性等性能变化。

4.4.2　氙灯加速老化

按照《建筑防水材料老化试验方法》(GB/T 18244—2000)中人工气候加速老化(氙弧灯)规定的方法进行。

Q-SUN 氙灯试验箱(图 4.19)可再现全光谱太阳光,包括紫外线、可见光及红外线,模拟和强化在自然气候中受到的以光、热、氧、湿气、降雨为主要老化破坏因素的环境,特别是光,以加速材料的老化。试验过程中,氙灯照射的同时,间歇性喷水或凝露,氙灯波长建议选择为 290～800 nm,辐照度为 550 W/m²,黑标准温度(65±3)℃,相对湿度(65±5)%,喷水时间 (18±0.5) min,两次喷水之间的干燥间隔为(102±0.5) min。试验期限应根据产品标准决定曝露时间或辐射量,或为某一规定的曝露时间或辐射量,或为性能降至某一规定值时的曝露时间或辐射量。通常可选 720 h(累计辐射能量 1500 MJ/m²)或更长。

图 4.19　美国 Q-Lab Q-Sun Xe-1-S 氙灯老化试验箱

按标准检测评定性能变化,从而获得近似于自然气候的耐候性。试样老化后的试验结果可用试样曝露至某一时间或辐射量时的外观变化程度或性能变化率表示,也可用试样性能变化至某一规定值所需的曝露时间或辐射量表示。试样表面颜色或其他外观变化用目测或仪器检测,检测方法按《硫化橡胶或热塑性橡胶耐候性》(GB/T 3511—2008)进行,试样外观变化程度用龟裂等级来表示(即评定在规定时间老化后试样表面裂纹变化的深浅和数量等程度),分 0～4 级,其中 0 级表示没有裂纹,1 级表示轻微裂纹,2 级表示显著裂纹,3 级表示严重裂纹,4 级表示临断裂纹。试样性能变化可按外观、拉伸性能变化率、低温柔度或产品标准规定进行。

4.4.3　热空气老化

按照《建筑防水材料老化试验方法》(GB/T 18244—2000)中热空气老化规定的方法进行。

采用热空气老化试验箱进行试验,试验箱工作温度可调,一般为 40～200 ℃或更高,当温度为 50～100 ℃时,温度允许偏差为±1 ℃,当温度为 101～200 ℃时,温度允许偏差为试验温度的±1%。将试验材料置于试验箱中,使其经受热和氧的加速老化作用,试验周期应根据材料特性决定,一般以某规定的曝露时间,或以性能变化至某一规定值时的曝露时间为试验终止时间,通常可选 168 h 或更长。

通过检测老化前后性能的变化,据此评价材料的耐热空气老化性能。用于评价的性能指标应选择对材料应用最适宜及变化较敏感的一种或几种,包括:①通过目测试样发生局部粉化、龟裂、斑点、起泡及变形等外观的变化;②质量(重量)的变化;③拉伸强度、最大拉力时伸长率、低温柔性、撕裂强度等力学性能的变化;④其他性能的变化。

4.4.4　耐介质性能

测试抗冲耐磨材料的耐介质腐蚀性能,主要包括耐水性、耐酸性和耐碱性。

1. 耐水性

按照《漆膜耐水性测定法》(GB/T 1733—1993)中甲法"浸水试验法"进行。待测材料或涂覆有待测材料的试板按要求浸泡一定时间后取出,立即在散射日光下目视观察,如三块板中有两块未出现起泡、开裂、剥落、掉粉、明显变色、明显失光等涂膜病态现象,则评为"无异常",如出现以上涂膜病态现象,按照《色漆和清漆涂层老化的评级方法》(GB/T 1766—2008)进行描述。

2. 耐酸性

按照《色漆和清漆耐液体介质的测定》(GB/T 9274—1988)中甲法"浸泡法"进行。待测材料或涂覆有待测材料的试板在 2%化学纯硫酸溶液中浸泡一定时间,取出后立即在散射日光下目视观察,如三块板中有两块未出现起泡、开裂、剥落、掉粉、明显变色、明显失光等涂膜病态现象,则评为"无异常"。如出现以上涂膜病态现象,按照《色漆和清漆涂层老化的评级方法》(GB/T 1766—2008)进行描述。

除了外观,还可参照 GB/T 16777—2008 的方法,测定在酸溶液中连续浸泡(168±1) h后拉伸性能、低温柔性、低温弯折性等性能的变化,评价材料的耐酸性。

3. 耐碱性

按照《建筑涂料涂层耐碱性的测定法》(GB/T 9265—2009)进行。待测材料或涂覆有待测材料的无石棉纤维水泥板按规定在碱溶液浸泡一定时间,取出后立即在散射日光下目视观察,如三块板中有两块未出现起泡、开裂、剥落、掉粉、明显变色、明显失光等涂膜病态现象,则评为"无异常",如出现以上涂膜病态现象,按照《色漆和清漆涂层老化的评级方法》(GB/T 1766—2008)进行描述。

除了外观,还可参照 GB/T 16777—2008 的方法,测定在碱溶液中连续浸泡(168±1)h后拉伸性能、低温柔性、低温弯折性等性能的变化,评价材料的耐碱性。

碱溶液通常选择饱和氢氧化钙溶液(GB/T 9265—2009),在温度为(23±2) ℃的条件下,在符合《分析实验室用水规格和试验方法》(GB/T 6682—2008)规定的三级水中加入过量的氢氧化钙(分析纯)配制碱溶液并进行充分搅拌,密封放置 24 h 后取上层清溶液作为试验用溶液,也可以选择氢氧化钠-氢氧化钙混合碱溶液(GB/T 16777—2008),在(23±2) ℃时将 0.1% 化学纯氢氧化钠溶液中加入氢氧化钙试剂,并达到过饱和状态。

可按照《环氧树脂砂浆技术规程》(DL/T 5193—2004)的方法测试环氧砂浆的耐介质性能。试模为 25 mm×25 mm×320 mm 的棱柱体。把试件完全浸入试液,确保试件之间至少有 10 m 的间距,而且试件上表面在试液液面以下 10 mm。到规定浸泡龄期时,测试试件浸泡前后质量变化和弯曲强度变化百分率。

4.4.5　抗冻融性能

将抗冲耐磨材料涂覆于混凝土(砂浆)表面,按照《建筑涂料涂层耐冻融循环性测定法》(JG/T 25—1999)或《普通混凝土长期性能和耐久性能试验方法》(GB/T 50082—2009)中抗冻融循环性能规定的方法进行。

1. 建筑行业标准抗冻融性能试验方法

按《建筑涂料涂层耐冻融循环性测定法》(JG/T 25—1999)的规定进行,评价材料的耐冻融循环性,即在充分吸收水分后在空气环境中经受冷热交替的温度变化而保持原性能的能力。待测材料或涂覆有待测材料的无石棉纤维水泥板在(23±2) ℃水中渍泡 18 h,取出后先后在(−20±2) ℃冷冻 3 h,(50±2) ℃热烘 3 h,如此为一次循环(24 h)。当达到一定循环次数后,检查材料有无起泡、开裂、剥落、掉粉、明显变色、明显失光等涂膜病态现象,如没有则评为"无异常",如出现以上涂膜病态现象,按《色漆和清漆涂层老化的评级方法》(GB/T 1766—2008)进行描述。

2. 国家标准快速冻融试验方法

将抗冲耐磨材料涂覆于混凝土(砂浆)表面,冻融过程中测定抗冲耐磨材料/混凝土(砂浆)体系的外观、相对动弹性模量和质量损失。相对动弹性模量反映的是混凝土(砂浆)内部微裂缝的开展情况,质量损失由表面材料剥落造成,严重时导致骨料暴露,通过测量这两个指标来反映涂覆抗冲耐磨材料前后混凝土(砂浆)受到冻融损伤的程度,间接评价抗冲耐磨材料的抗冻性能。

按照《普通混凝土长期性能和耐久性能试验方法》(GB/T 50082—2009)中抗冻性能试验的"快冻法",或《水工混凝土试验规程》(SL 352—2006、DL/T 5150—2001)中抗冻性能试验方法进行。首先将涂覆有抗冲耐磨材料的混凝土(砂浆)试件在(20±3) ℃的水中浸泡 4 天,然后取出并擦去表面水后,称初始质量,并测量初始自振频率,作为评定抗冻性的起始值,同时做必要的外观描述或照相。

冻融循环过程中,试件中心最低和最高温度应分别控制在(−18±2) ℃和(5±2) ℃,任意时刻,试件中心温度不得高于 7 ℃,且不得低于−20 ℃。每次冻融循环应在 2~4 h 内完成,且用于融化的时间不得少于整个冻融循环时间的 1/4,其中,每块试件从 3 ℃降至−16 ℃所用时间不得少于冷冻时间的 1/2,每块试件从−16 ℃升至 3 ℃所用时间不得少于整个融化时间的 1/2,试件内外温差不宜超过 28 ℃,冷冻和融化之间转换时间不宜超过 10 min。

通常每做 25 次冻融循环对试件的外观、质量、相对动弹性模量检测一次,也可根据混凝土抗冻性的高低来确定检测的时间和次数。相对动弹性模量下降至初始值的 60%或质量损失率达 5%时,即可认为试件已达到破坏,并以相应的冻融循环次数作为抗冻等级(以 F 表示)。

4.4.6　抗渗性能测试

将抗冲耐磨材料涂覆于混凝土(砂浆)表面,按照《普通混凝土长期性能和耐久性能试验方法》(GB/T 50082—2009)中抗水渗透试验的"逐级加压法",或《水工混凝土试验规程》(SL 352—2006,DL/T 5150—2001)中抗渗性能试验规定的方法进行。

1. 混凝土为基底的试验方法

使用混凝土抗渗仪,测定涂覆有抗冲耐磨材料的混凝土试件的抗渗压力和抗渗等级。水压从 0.1 MPa 开始,以后每隔 8 h 增加 0.1 MPa 水压,并随时注意观察试件端面情况;

当六个试件中有三个试件表面出现渗水时,或加至规定压力(设计抗渗等级)在 8 h 内六个试件中表面渗水试件少于三个时,即可停止试验,并记下此时的水压力,即为抗渗水压力试验。

抗渗等级(用 W 或 P 表示),按每组六个试件中有三个出现渗水时的水压力(H)的 10 倍减去 1 计算,即 W 或 P＝10H－1。若压力加至规定数值,在 8 h 内,六个试件中表面渗水的试件少于三个,则试件的抗渗等级等于或大于规定值。

2. 砂浆为基底的试验方法

使用砂浆渗透试验仪,测定涂覆有抗冲耐磨材料的砂浆试件的渗水压力和不透水性系数。水压从 0.2 MPa 开始,保持 2 h,增至 0.3 MPa,以后每隔 1 h 增加水压 0.1 MPa,直至所有试件顶面均渗水;每组试件为三个,记录每个试件各压力段的水压力和相应的恒压时间 t(h),如果水压增至 1.5 MPa,而试件仍未透水,则不再升压,持荷 6 h 后,停止试验。

砂浆试件不透水性系数按式(4.17)计算(准至 0.1 MPa·h):

$$I = \sum P_i t_i \qquad (4.17)$$

式中:I——砂浆试件不透水性系数,MPa·h;

　P_i——试件在每一压力阶段所受水压,MPa;

　t_i——相应压力阶段的恒压时间,h;

以三个试件测值的平均值作为该组试件不透水性系数的试验结果。

第 5 章

抗冲耐磨材料施工工艺

为了解决水工建筑物过流面高速含沙水流冲磨和气蚀破坏的问题,除了采用性能优异的抗冲耐磨材料以外,选择合适的施工工艺至关重要。混凝土基面处理是水工建筑物抗冲耐磨材料修补与防护工程中的重要工序,其目的是恢复原混凝土结构的完整性,去除表面杂质,清洁表面并提高表面粗糙度,以提高混凝土与抗冲耐磨材料间的黏接力,基面处理结果直接影响到抗冲耐磨效果。同时,抗冲耐磨材料的配制、施工、养护更是施工过程中的关键环节,材料学界有着"三分材料、七分施工"的说法,足见材料施工在材料应用中的重要作用,施工的好坏决定着抗冲耐磨材料性能能否发挥到极致。

本章介绍了抗冲耐磨材料施工前的准备工作及混凝土裂缝和表面处理流程,还分别从材料的配制、施工过程及养护等多个程序,详细讲述了环氧类抗冲耐磨材料、聚脲抗冲耐磨材料及聚合物乳液抗冲耐磨材料的施工工艺及注意事项。

5.1 施工前的准备

为了做好抗冲耐磨材料的施工,必须做好各项准备工作,准备工作包括:查看现场、资料查阅、现场施工布置、材料准备、安全防护、设备准备、设计交底与人员培训等。

(1)查看现场。认证查看工地现场,对施工难度和重点部位做到心中有数,尤其是对施工条件中的不利因素(如有水、渗水、裂缝及结构缝等)要考虑周全,在现场布置和施工中加以重点克服。

(2)资料查阅。查阅相关资料,领会设计意图,按设计要求施工。

(3)现场施工布置。查看现场后,根据设计要求,应做好现场施工布置,并按要求编写施工组织设计。现场布置主要包括现场材料仓库的布置,材料现场临时储存点的布置应远离火源,阴凉通风,避免阳光曝晒或雨水。露天施工的部位,最好搭设棚盖,避免风、雨、雪影响施工质量。施工现场如有水,应设法排除,并做好排水措施。

(4)材料准备。施工前必须将材料准备齐全,并检查这些材料是否合乎施工质量的要求,确保材料说明书、合格证、使用注意事项等是否齐全。

(5)安全防护。施工前须做好安全措施,防护网、安全绳须按要求安装到位;施工人员须做好安全防护,安全帽、工作服等须按要求佩戴,同时根据材料使用特点应佩戴口罩或防护面罩、眼镜及防护服等防护劳保用品。

(6)设备准备。配料使用的计量设备应按要求在计量部门做好检定,所有器具要干净、无水、无油,涂刷用的毛刷要质量优良,不易掉毛,涂抹用的抹刀必须光洁,喷涂用的喷枪及压缩空气系统必须安装到位并调试完毕。

(7)人员培训。施工前应进行施工人员培训,经培训合格方可正式施工。

5.2 混凝土基面处理

水工建筑物抗冲耐磨材料修补与防护工程中,最重要的一道工序即为对处理对象的混凝土基面进行处理,混凝土基面处理的好坏直接影响到抗冲耐磨效果。混凝土基面处理的目的是恢复原混凝土结构的完整性,去除表面杂质,清洁表面并提高表面粗糙度,以提高混凝土与抗冲耐磨材料间的黏接力。因此,混凝土的基面处理涉及混凝土裂缝修补或修复处理、渗漏水的处理及混凝土表面杂质和疏松混凝土的清除等。

5.2.1 混凝土裂缝处理

混凝土处理方法,分为表面覆盖法、开槽填充法和灌浆法等,水利水电工程大体积混凝土深层裂缝处理常综合应用多种方法,有的混凝土裂缝伴随有渗漏或涌水等,常采用化学灌浆方法解决渗漏问题后,再采用表面覆盖法等进行处理。

1. 表面覆盖法

表面覆盖法是指混凝土表面涂刷防水涂膜以封闭微细裂缝的修补方法,适用于宽度小于 0.2 mm 的微细裂缝的修补。表面覆盖法是沿混凝土结构表面涂刷水泥浆、油漆、沥青、环氧胶泥等材料来修补混凝土结构表面细小的混凝土裂缝,混凝土的干缩裂缝通常采用这种办法进行修补,常采用环氧胶泥涂覆,或使用玻璃纤维布增强。一般是沿裂缝两边一定宽度进行涂覆,这种方法的优点是不对原存在裂缝的混凝土本体产生破坏,方法简单,易于操作,缺点是修补工作无法深入到裂缝内部。

表面覆盖法还可以采用渗透结晶防水涂料,它是一种分子结构为活性硅的活性物质,相对分子质量小,同时含有疏水基团和亲水基团,其亲水性大于疏水性,可溶于水,在干燥环境中不产生缩聚结晶现象,而在潮湿环境中产生缩聚结晶现象。由活性硅、水泥、活性无机混合物等混合而成。以加拿大 XYPEX(赛柏斯)为代表的水泥基渗透结晶型材料,对混凝土浅表性裂缝具有一定的自修复功能。

2. 开槽填充法

当混凝土裂缝宽度较大或裂缝深度较深时,一般需开槽对裂缝进行处理。该方法是沿缝面将裂缝扩大,然后用合适的伸缩缝密封胶、环氧砂浆或环氧胶泥等材料密封。缝面一般用手工或电动混凝土锯等工具处理,将混凝土缝处理成表面窄、缝底稍宽的截面类似梯形的结构,当填塞伸缩缝密封胶等填充材料后,可有效防止填充材料脱落,抑制缝的进一步扩展。一般开槽填塞处理后,需用表面封闭材料对表面进行封闭。

3. 灌浆法

对于深层混凝土裂缝宜采用灌浆法修补,根据缝的宽度和承载力要求,可选用不同的灌浆材料进行灌浆处理。对于宽的缝,尤其是贯穿性裂缝,而且在承载力要求不高的情况下,可采用普通水泥浆液、湿磨细水泥或超细水泥进行灌浆处理。

对于微细裂缝(小于 0.1 mm)或对结构承载力有较高要求,需要恢复混凝土结构的整体性时,常采用化学灌浆处理。化学灌浆是处理混凝土裂缝,尤其是水利水电工程大体积混凝土裂缝的主要方法,采用该方法处理后,裂缝经化学灌浆材料充填饱满,缝面间粘接牢固。化学灌浆材料主要采用环氧树脂化学灌浆材料和聚氨酯化学灌浆材料。常用的裂缝化学灌浆方法如下所述。

1) 裂缝清理

沿裂缝的两边用角磨机磨去混凝土表面沉淀物、水泥浮浆等各种有害杂物,探明裂缝走向及缝长,并做详细记录。

2）布孔、钻孔

磨平缝面之后,布灌浆孔。根据缝宽和缝深确定孔距,孔距为 0.3～0.5 m,孔深为 30～50 mm,孔径一般为 22 mm、27 mm、30 mm 等几种规格。打骑缝孔时应避开钢筋处。

3）灌浆管安装

吹干孔内的积水后安装注浆嘴,注浆嘴安放于孔内时要保持平稳,再用环氧胶泥封孔并固定好,确保环氧胶泥不会封堵灌浆嘴,对侧墙施工时可先用快速堵漏材料固定注浆嘴后(填充不超过 10 mm),再用环氧胶泥进行加固封孔。

4）缝面封闭

在注浆嘴安装完成后,采用环氧胶泥进行封缝,封缝胶泥批刮时应注意胶泥的厚度控制在 5 mm,宽度为左右各 100 mm,保持均匀、平整,防止灌浆时漏浆。对于有渗水的缝段,应采取扩槽止水,在扩缝后用快速止水材料进行封缝止水,再在表面上用环氧胶泥加固封闭裂缝。

5）化学灌浆

(1) 化学灌浆设备:化学灌浆设备多采用电机驱动专用化学灌浆泵,也可采用液压灌浆泵或涂料喷涂机等。

(2) 化学灌浆材料配制:化学灌浆材料多采用环氧树脂或聚氨酯。采用厂家推荐比例配制环氧树脂灌浆材料,先将环氧树脂主剂(A 组分)称量倒入搅拌桶,再按比例精确称量固化剂(B 组分),将 B 组分呈细条状缓慢加入 A 组分中,并快速搅拌均匀。聚氨酯化学灌浆材料在处理有水或渗水量较大的裂缝时,按厂家要求进行灌注;在处理无水的干缝时,应事先向缝里灌注一定量的水。

(3) 起始压力:注浆压力设定为 0.3～0.5 MPa,最大压力不超过 0.5 MPa。压力调整的过程由灌浆泵自动或人工完成,屏浆压力为 0.5 MPa。

6）结束标准

灌注进浆量为 0 时,屏浆 5 min 后结束灌浆。灌浆时做好灌浆起始时间、终止时间、进浆量、灌浆压力等的记录。

7）表面处理

灌注结束闭浆后,拆除孔口管,磨平灌浆嘴,用环氧胶泥对孔口进行封闭及表面修复处理。修补工艺应达到与混凝土齐平,达到外表美观的效果。

5.2.2　混凝土表面处理

清除混凝土表面杂质的方法很多,国内外目前采用的有高压水冲洗、化学试剂清理、机械磨损等。施工时应根据工程的具体情况,选择合适的处理方法或结合使用多种方法,使混凝土露出清洁、坚固的表面,应尽量避免造成大的损坏或潜在损坏。

1. 高压水冲洗

高压水的压力一般为 30~200 MPa,通常高压水处理使混凝土表面乳皮、浮灰等清除,并使表面松动的混凝土冲掉,漏出表面洁净、坚硬的混凝土骨料。

2. 化学试剂清理

通常使用热水溶解的磷酸三钠或一些清洁剂及能将表面杂质除去的乳化剂进行化学试剂清理。为避免化学清洁物质残留在基层表面,事后需用洁净的水进行冲洗。也有采用酸或碱类去软化或溶解凝固在混凝土表面的涂层等有机附着物。酸能使混凝土表面粗糙化,但不能除去浮浆层或其他疏松物质,通常使用浓度为 10％的盐酸溶液。混凝土应预先湿润,所有油脂、涂料、腻子、树脂、焦油沥青等杂质都应提前除去,以确保表面腐蚀的均匀。

3. 机械磨损处理

机械磨损处理主要包含角磨处理、砂磨处理、抛丸处理及喷砂处理。角磨处理、砂磨处理由于设备相对简单、体积小、操作简便,是清理混凝土表面杂质、附着物及疏松混凝土等的最常用方法,但是由于其设备较小,效率较低,同时灰尘较大,不利于环保。抛丸处理是针对有坚硬表层的杂质所采取的高效、清洁、无尘的方法。抛丸处理设备内部为一个可高速旋转的叶轮,磨料、粉尘及杂质均被清理至杂物回收机,清理后的钢丸可被回收利用。经抛丸处理过的混凝土表面洁净而又坚硬,还有比较均匀的纹理。在无障碍的水平表面上,这种方法较好。喷砂清理是用清洁压缩空气推动做高速运动的精细磨料冲击混凝土表面而对其进行表面处理的方法。这些磨料通常由坚硬的有斜角的矿物组成,其粒径进行过精心挑选。经喷砂法处理过的混凝土表面纹理均匀、坚硬且无其他杂质。

通常混凝土基面处理多综合应用以上方法,如先用化学试剂清理混凝土表面油脂、涂料、腻子、树脂、焦油沥青等杂质,再用角磨机、砂磨机、抛丸机或喷砂机等机械磨损处理松动混凝土基面,最后用高压水冲洗表面浮尘及未清理完全的疏松混凝土表面,最后创造条件使混凝土表面充分干燥。必要时采用湿度测试仪测量其表面湿度,当表面湿度低于某一合适数值时,方可继续下一步施工工序。

5.3 抗冲耐磨材料配制

抗冲耐磨材料的配制是施工中一个重要的环节,决定着材料性能的发挥。抗冲耐磨材料配制的基本原则是,按生产厂家说明书步骤规范配制,同时注意环境温度、湿度、天气情况等外界因素的影响。例如,环境温度须在规定范围内,温度太低则材料无法固化或固化较慢,须对材料直接加热或加热配制材料所在区域的温度,使环境温度升高;温度太高则材料固化过快,工人可施工时间较短,材料过早固化一方面导致施工质量下降,另一方面导致材料浪费。下面按常用抗冲耐磨材料的种类分别介绍配制方法。

5.3.1　环氧类抗冲耐磨材料配制

环氧类抗冲耐磨材料根据加入环氧树脂中的粉料或其他耐磨介质的不同,略有差异。

1. 环氧胶泥配制

市面上的环氧胶泥多为以环氧树脂主剂为主的 A 组分和以固化剂为主的 B 组分构成的双组分,并分别包装。配制工艺较为简单,将 A 组分精确称量倒入搅拌桶,按厂家推荐的比例精确称量 B 组分,再将 B 组分加入搅拌桶,采用电动搅拌器搅拌均匀。搅拌时务必确保桶底及桶壁环氧胶泥搅拌均匀。

2. 环氧砂浆配制

环氧砂浆有的将石英砂、金刚砂等预先加入环氧树脂主剂中构成 A 组分,固化剂为 B 组分,从而构成双组分,并分别包装;也有的将石英砂、金刚砂等耐磨介质单独包装,环氧树脂主剂及固化剂等分别包装。双组分包装的环氧砂浆的配制方法同双组分环氧胶泥,多组分单独包装的环氧砂浆的配制方法是,将石英砂、金刚砂等耐磨介质精确称量后置于搅拌桶中搅拌均匀,按比例分别精确称量环氧树脂主剂和固化剂,先后加入搅拌桶,采用电动搅拌器搅拌均匀。搅拌时务必确保桶底及桶壁环氧砂浆搅拌均匀。

3. 环氧混凝土配制

环氧混凝土配制多以现场配制为主,并采用混凝土搅拌机搅拌混合。先按比例将混凝土骨料、粉料等加入混凝土搅拌机,搅拌均匀。按比例分别精确称量环氧树脂主剂和固化剂,先后加入搅拌机,搅拌均匀。搅拌时务必确保混凝土搅拌机内壁黏附的各组分搅拌均匀。

5.3.2　聚脲抗冲耐磨材料配制

1. 双组分喷涂聚脲配制

双组分喷涂聚脲的配制方法是将双组分按比例分别加入聚脲喷涂机主剂容器和固化剂容器中,无须额外配制。

2. 双组分手刮聚脲配制

市面上的双组分手刮聚脲多为以异氰酸酯为主的 A 组分和以固化剂为主的 B 组分构成的双组分,并分别包装。配制工艺较为简单,将 A 组分精确称量倒入搅拌桶,按厂家推荐的比例精确称量 B 组分,再将 B 组分加入搅拌桶,采用电动搅拌器搅拌均匀。搅拌时务必确保桶底及桶壁聚脲搅拌均匀。

3. 单组分手刮聚脲配制

单组分手刮聚脲直接从包装桶中倒出,直接使用,无须额外配制。

5.3.3 聚合物乳液抗冲耐磨材料配制

聚合物乳液抗冲耐磨材料的配制方法是,将石英砂、金刚砂等耐磨介质精确称量后置于搅拌桶中搅拌均匀,按比例精确称量聚合物乳液,加入搅拌桶,采用电动搅拌器搅拌均匀。搅拌时务必确保桶底及桶壁聚合物乳液及各组分搅拌均匀。

5.4 抗冲耐磨材料施工

5.4.1 环氧类抗冲耐磨材料施工

1. 环氧胶泥施工

环氧胶泥施工一般采用刮涂的形式,刮涂工具可采用刮板、刮铲等,宜为金属材质。环氧胶泥施工时,须根据基面平整度情况分次施工,通常先进行薄层点刮,将混凝土表面上的气孔、麻面、凹槽用胶泥填满,使基面平整。尤其应封闭混凝土基面气孔,防止环氧胶泥处理后出现较多气孔、气泡。填补气孔时,须多次填充,并来回挤刮以排出气体,禁止一次填满,以防止出现外部补平内部含有未排尽的气体现象。

点刮修补完毕,应及时对基面进行防尘、防水保护处理,以避免基面二次污染。待点刮修补表干后,对表面进行一次外观检查,将未填满的气孔修补平整,点刮环氧胶泥气孔。达到平整无气泡标准后,进行第二层环氧胶泥刮涂,两层环氧胶泥施工刮涂方向应垂直交叉,刮涂应逆水流方向进行,如未达到厚度要求,可进行第三次涂刮,直到达到设计要求的厚度。

2. 环氧砂浆施工

环氧砂浆施工前,根据具体情况,可在处理好的混凝土基面上涂刷一层环氧基液,以增强混凝土基面与环氧砂浆的黏接。具体操作方法是,将按生产厂家配比配好的环氧基液装在开口容器中,采用毛刷等工具,蘸取适量的环氧基液,均匀涂覆于混凝土基面,不得有遗漏或将环氧基液堆积在一处。刷完待基液表面出现拉丝状,即可开始环氧砂浆施工。基液涂刷后务必保持表面干净,防止外界灰尘或雨水落到表面,造成界面污染。

双组分环氧砂浆由于环氧树脂主剂加入的石英砂、金刚砂等粒径较小,可均匀分散在环氧树脂主剂中,因此其施工工艺类似环氧胶泥,即采用刮涂的形式,用刮板、刮铲等工具先点刮混凝土气孔、凹坑等部位,使基面平整,再刮涂 1～2 次,使表面平整并达到设计厚度。

多组分环氧砂浆施工前,一般需按上述方法涂刷一层环氧基液,以提高黏接力。按生产厂家的比例,分别称量环氧树脂主剂、环氧树脂固化剂和耐磨介质等组分。先将耐磨介质等组分倒入机械搅拌器中,充分搅拌均匀。将环氧树脂固化剂呈细线状缓慢加入环氧树脂主剂中,快速搅拌均匀,然后倒入搅拌均匀的耐磨介质搅拌器中,开搅拌器,使环氧树脂液体和耐磨介质固体充分混合均匀,检查搅拌器内壁等部位有无搅拌不均匀的组分。一般加料完毕后拌和 5 min 即可结束。

分块分序将搅拌均匀的环氧砂浆铺在待修补部位,并用工具拍打或用平板震动器使环氧砂浆填充密实,表面平整。

3. 环氧混凝土施工

环氧混凝土施工前,须在待施工的混凝土基面上涂刷一层环氧基液,以提高黏接力,其方法与上述类似。

环氧混凝土浇筑前,须按设计要求进行分块,在分块边界立模板,模板宜采用钢铁或内表面光滑的木板,并涂刷一层合适的脱模剂。按生产厂家的比例,分别称量环氧树脂主剂、环氧树脂固化剂和砂石骨料、粉体填料等组分。先将砂石骨料、粉体填料等组分倒入混凝土搅拌器中,充分搅拌均匀。将环氧树脂固化剂呈细线状缓慢加入环氧树脂主剂中,快速搅拌均匀,然后倒入搅拌均匀的混凝土搅拌器中,打开搅拌器,使环氧树脂液体和砂石骨料、粉体填料等组分充分混合均匀,检查搅拌器内壁等部位,确保环氧树脂与砂石骨料、粉体调料等搅拌均匀。一般加料完毕后拌和 5 min 即可结束。

用振捣器使环氧混凝土填充密实,环氧混凝土浇筑较厚时,须分层浇筑,每层厚度不宜超过 20 cm。浇筑完成后,用平板震动器将混凝土表面振捣平整,待表面环氧树脂表干后即可拆模。

5.4.2 聚脲抗冲耐磨材料施工

聚脲抗冲耐磨材料施工时须采用配套的封闭底漆,封闭底漆主要有两个作用:一是封闭混凝土底材表面毛细孔中的空气和水分,避免聚脲涂层喷涂后出现鼓泡和针孔现象;二是封闭底漆可以起到胶黏剂的作用,提高聚脲涂层与混凝土底材的附着力,提高防护效果。封闭底漆的黏度一般较低,以保证其渗透性。常用的封闭底漆一般为 100％固含量的环氧、聚氨酯和聚脲类涂料。聚脲的施工根据聚脲的种类不同而有异,下面分别介绍。

1. 双组分喷涂聚脲施工

聚脲抗冲耐磨材料施工应保证环境和现场条件适合于施工和材料的固化,尤其是保证混凝土基面干净、干燥,空气干燥、不潮湿。

1) 喷涂设备

双组分喷涂聚脲施工对施工器械有特殊要求,由于双组分材料可在数秒内固化,需采用专用喷涂设备施工。位于美国新泽西州的格斯麦公司将早期用于喷涂聚氨酯泡沫的主机和喷枪,用于开展喷涂弹性体试验,并于 2000 年和 2002 年分别推出 H-20/35 主机和 GX7-DI 喷枪,并长期在世界处于领先的地位(黄微波等,2004)。格斯麦公司聚脲弹性体喷涂机由抽料泵、H 系列主机、输料泵和喷枪等组成。面对聚脲弹性体技术的不断发展,美国固瑞克公司利用长期开发喷涂设备的优势,于 2003 年推出了新一代喷涂机,Reactor 主机和 Fusion 喷枪。此外,美国格拉斯公司也开发了聚脲喷涂设备,生产 MX、MXII、MH、MHII、MHIII 型设备,以及配套的 Probler 喷枪和 LS 喷枪。上述喷涂设备功能全面,但仍存在着设备结构复杂、价格较高、体积庞大、笨重而难以移动等缺点。近年来,越来越多的小型喷涂设备研发成功并投入使用,如美国 ESI 公司生产的 Condor 系列低压喷涂设备、AST 公司生产的低压填缝喷涂设备、固瑞克公司生产的 Reactor E 系列喷涂机,北京京华派克聚合机械设备有限公司生产的气动超高压喷涂灌注设备 JHPK-A9000 等。

2) 辅助材料

喷涂聚脲施工除需要双组分聚脲、专用底漆外,还需要清洗剂、增强层材料如玻璃纤维布、碳纤维布、化纤无纺布和聚氨酯无纺布等,以及防污胶带等。

3) 施工

(1) 基面检查:检查基面是否平整、干净、干燥。

(2) 施工防护:确定施工区域后,用防污胶带粘贴住边界,以免污染不需喷涂的基面。做好施工人员的劳动防护工作。

(3) 底漆施工:按厂家要求混合底漆,采用毛刷等工具均匀涂刷于混凝土表面,确保表面均匀、无漏刷、无流挂或堆积。

（4）增强层施工：如需使用增强层，在底漆表面粘贴一层增强层，用以增强聚脲强度，提高耐磨能力。具体做法是，第一层底漆涂刷约 0.1 mm 后，粘贴增强层材料，然后在其表面再涂刷一层专用底漆。

（5）聚脲喷涂：应在底漆施工或增强层施工后尽快开展聚脲喷涂施工。时间不宜超过 6 h，超过 6 h 则应刷涂或喷涂一道层间黏接剂，20 min 后再施工聚脲涂层。聚脲喷涂施工应分次施工，直到达到设计规定的厚度。聚脲喷涂施工时，下一道应覆盖上一道喷涂面，两次喷涂方向应垂直。

2. 双组分手刮聚脲施工

双组分手刮聚脲施工前须按要求涂刷底漆，按厂家要求混合底漆，采用毛刷等工具均匀涂刷于混凝土表面，确保表面均匀、无漏刷、无流挂或堆积。底漆完成后，即可手刮聚脲施工。

将混合好的聚脲置于敞口容器中，采用毛刷或滚筒等工具，蘸取适量聚脲，涂刷或滚涂于底漆上，涂刷厚度须做好控制，力度适中，不宜过厚或过薄，以免造成流挂或漏刷。聚脲施工须按多次涂刷的方法，下一道应覆盖上一道表面，两次喷涂方向垂直，两次时间间隔不宜过长，应确保在上道聚脲表干前完成下道聚脲涂刷，以免造成聚脲固化后分层。

3. 单组分手刮聚脲施工

单组分手刮聚脲与双组分手刮聚脲施工方法相同。由于单组分聚脲固化需要外界环境作用，单组分聚脲施工厚度不宜过厚，否则影响聚脲固化。

5.4.3　聚合物乳液抗冲耐磨材料施工

聚合物乳液抗冲耐磨材料施工前，应在处理好的混凝土基面上涂刷一层聚合物乳液，以增强混凝土基面与抗冲耐磨材料的黏接。具体操作方法是，将按生产厂家配比配好的聚合物乳液装在开口容器中，采用毛刷等工具，蘸取适量的聚合物，均匀涂覆于混凝土基面，不得有遗漏或堆积。

将聚合物乳液抗冲耐磨材料的固体组分置于机械搅拌器中，充分搅拌均匀后，倒入聚合物乳液并快速搅拌均匀。将搅拌均匀的材料涂刮或涂抹于待修补混凝土基面，并使表面平整。

5.5　抗冲耐磨材料养护

抗冲耐磨材料施工完毕均需要养护，以发挥材料的最佳性能，一般抗冲耐磨材料的养护应避免水等进入其表面。下面根据材料的不同分别介绍。

5.5.1 环氧类抗冲耐磨材料养护

环氧胶泥施工完成后应做好周边防护,防止灰尘、落叶等随风落至未固化的环氧胶泥表面。养护期间应避免管架碰撞、流水侵蚀,做好防雨雪措施,养护期为 3 天左右。

5.5.2 聚脲抗冲耐磨材料养护

聚脲从施工完毕后应注意外界湿度应低于一定限度,以防湿度大导致聚脲发泡、聚脲表面颜色不均匀及材料性能下降。养护期间应采取防风、防尘、防雨雪等措施,养护期为 3 天以上。

5.5.3 聚合物乳液抗冲耐磨材料养护

聚合物乳液抗冲耐磨材料的养护,应按说明书的要求严格执行。大部分聚合物乳液抗冲耐磨材料如改性丙烯酸酯乳液或丙烯酸酯乳液需要干湿养护交替,养护期为 14 天以上。养护期间做好防雨、防水、防雪及防曝晒等措施。

第 *6* 章
水利水电工程几个典型工程应用

　　近年来,随着我国大规模水利水电工程建设高潮接近尾声,水工建筑物进入运行维护期,经过多个汛期运行,水工泄水建筑物如溢洪道、消力池、引水发电系统等部位冲磨破坏较为严重,有的形成较大冲坑,甚至导致钢筋外露,有的为均匀磨蚀,造成骨料外露,有的形成点蚀,留下较多小坑。究其原因,除了与水工结构设计有关以外,还与河流含沙量高、水头高、泄水频繁等有关,也与建设期泄水建筑物未使用抗冲耐磨混凝土或抗冲耐磨混凝土性能较差、施工质量控制不严等多种因素相关,较为复杂。这些冲磨破坏部位如不加以维修,将导致破坏范围进一步扩大,破坏程度越来越严重,终将给水工建筑物的安全运行带来不利影响。下面介绍几个作者较为熟悉的典型工程中应用抗冲耐磨材料修复的案例,以供读者参考。

6.1　西藏自治区某水电站工程应用

6.1.1　工程概况

西藏自治区某水电站是西藏"十一五"规划重点项目,该工程为二等大(2)型工程,开发任务为发电,总装机容量 510 MW,具有日调节能力。枢纽布置格局为重力坝＋坝后式厂房,由左右岸挡水坝段、溢流坝段、厂房坝段、冲沙底孔坝段、坝后式地面厂房、消力池和海漫等组成。大坝共分 19 个坝段,其中左岸 3～8♯坝段为溢流坝段。

工程施工采用"左岸明渠全年导流、导流及主体工程分三期、基坑全年施工"方式。一期进行左岸导流明渠修建,二期进行主河床内的大坝、厂房修建,三期完建明渠坝段。

工程所在地属高原温带季风半湿润气候地区。根据 1978～2004 年实测资料统计,多年平均气温为 9.2 ℃,极端最高气温和极端最低气温分别为32.0 ℃、−16.6 ℃,早晚温差最大为 28.0 ℃;多年平均降水量为 540.5 mm,历年一日最大降水量为 51.3 mm;多年平均相对湿度为 51%,历年最小相对湿度为 0;多年平均风速为 1.6 m/s,多年最大风速为 19 m/s,相应风向为南东;多年平均蒸发量为 2075.2 mm。

该水电站溢流坝段全部布置在左岸,设置有 3～8♯共六个溢流坝段,总长 125 m。其中溢流坝 5～8♯坝段堰顶上游为椭圆曲线,下游为 WES 型堰面曲线,与 1∶0.7 的斜直线相切,再通过半径为 35 m 的反弧段与消力池相接,长约 95 m,分部位不同宽度分别为 9 m、12 m、15 m、20 m、23 m。3♯、4♯坝段是由导流明渠改建而成,结构型式稍微不同,堰顶上游为椭圆曲线,下游为 WES 型堰面曲线并与 1∶0.8 的斜直线相切,再通过半径为 20 m 的反弧段与 1∶10 斜直线相接,最后通过直线段与消力池相接,长约 80 m,宽度为 15 m。溢流面混凝土均采用抗冲耐磨混凝土(二级配 C40$_{28}$W8F150),该水电站溢流面结构布置如图 6.1 所示。

该水电站地处西藏高原寒冷缺氧地区,在该地区进行溢流坝段溢流面混凝土施工存在较多困难:

(1)地处海拔 3310 m 高原,昼夜温差大(高达 16～18 ℃),冬季寒冷干燥,使得溢流面结构物表层白天增温迅速,夜间随气温迅速下降,产生的温度应力和干缩应力均较大,混凝土收缩过快,容易产生贯穿性裂缝;

(2)各坝段溢流面宽度不一样,同一坝段各部位溢流面宽度也不一样,且溢流面由曲线、斜面、反弧面组成,钢筋密布,同时存在导流底孔出口、宽尾墩、掺气槽等异形结构部位,高差大(55 m),跨度大(最大跨度达到 23 m),坡度陡,结构复杂,作业难度大;

(3)由于溢流面密布钢筋,厚度仅为 60～100 cm,采用滑模等工具,作业面狭窄,均需采用人工振捣,而且混凝土为二级配 C40$_{28}$W8F150 硅粉纤维混凝土,浇筑质量和收面质

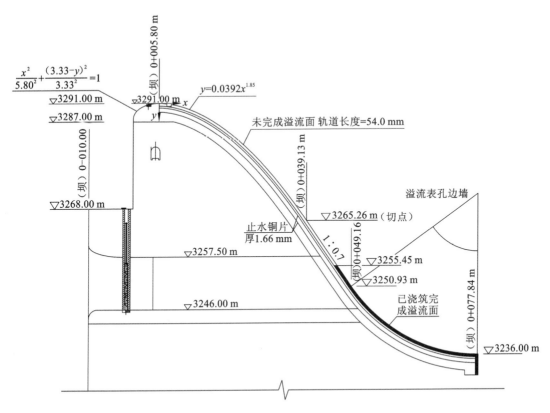

图 6.1　西藏自治区某水电站溢流面结构布置图

量控制难度大。

　　由于以上原因,混凝土浇筑中形成了层间缝、疏松、错台等缺陷及表面不平整等现象,同时大坝溢流坝段混凝土常年经受高速水流冲刷的部位,表面局部缺陷及浇筑薄弱点会因水流冲刷淘洗而诱发混凝土的大面积剥落和深度掏空,将严重威胁大坝结构安全。按设计要求须消除缺陷,凿除混凝土薄弱部位,填补环氧抗冲耐磨材料,以降低表面糙率,提高过流效率并减少过流磨损,延长过流面混凝土的服役年限。

6.1.2　材料选择

　　根据溢流坝段闸墩混凝土缺陷的种类,选用两种环氧砂浆材料进行缺陷处理,分别为高黏度环氧砂浆、长江科学院自主研发的耐候性高强度环氧砂浆(CW711-H)。高黏度环氧砂浆主要用于填补大的坑洞及深度较大的凿毛面,使用配套的环氧基液打底,以提高砂浆与混凝土间的黏接性。该环氧材料强度高,操作简单,每次施工厚度较大,填补施工工效高,但由于该环氧砂浆耐候性能较差,在短时间太阳光照射下即发生黄变,因此必须在其表面覆盖耐候层,如 CW711-H 耐候性高强度环氧砂浆。CW711-H 耐候性高强度环氧砂浆黏度相对较低,可薄层施工,适用于表面及小区域缺陷修补。

所选用的两种环氧砂浆修补材料的性能见表 6.1、表 6.2。

表 6.1　高黏度环氧砂浆性能指标

序号	检测项目	性能指标
1	操作时间(20 ℃)/min	45
2	固化时间(20 ℃)/min	180
3	抗压强度/MPa	≥80
4	抗拉强度/MPa	≥9.0
5	基液可操作时间(20 ℃)/min	60

表 6.2　耐候性高强度环氧砂浆(CW711-H)性能指标

序号	检测项目	性能指标
1	密度/(g/cm³)	1.6±0.10
2	操作时间(20 ℃)/min	>45
3	固化时间(20 ℃)/min	约200
4	28 天抗渗压力/MPa	>1.6
5	28 天抗压强度/MPa	≥100
6	28 天与混凝土黏接强度/MPa	≥4.2(或混凝土破坏)

6.1.3　施工工艺

闸墩混凝土抗冲耐磨加强防护施工方案如下。

1. 施工前的准备

对于闸墩等高空作业,需搭建钢管架或配置高空作业吊篮,对于不便于搭建钢管架和使用吊篮的高空位置,需要使用软梯进行施工。施工用水、用电等根据现场实际情况布置。

2. 基面处理

为提高混凝土基体强度并确保修补材料与混凝土基面的黏接力,应对基面进行处理,根据混凝土缺陷种类的不同,基面处理工艺不同,具体工艺如下:

(1)混凝土表面气孔、沙眼、麻面处理。对混凝土表面气孔、沙眼和麻面处,首先用角磨机打磨处理,气孔和沙眼用钢锥扩大(以便防护材料能够充填密实),然后用清水冲洗干净,待表面干燥后进行防护处理。

（2）混凝土层间缝处理。对混凝土层间缝（图 6.2）进行处理,首先在接缝处刻槽,凿除缝周边浇筑质量较差的混凝土,用角磨机将错台和突起打磨平整,然后用清水冲洗,待表面干燥后开始防护处理。

图 6.2　溢流坝段闸墩混凝土的层间缝

（3）表面蜂窝和疏松混凝土处理。先凿除疏松混凝土,用角磨机打磨表面浮浆及突起,为修补后美观,蜂窝处凿成规则的形状,然后用清水冲洗,待表面干燥后开始防护处理。

（4）混凝土表面凿毛处理。依据实际情况对混凝土表面凿毛（图 6.3）处进行二次凿毛或钢刷清洗,用角磨机打磨凿毛处及周边,然后用清水冲洗,待表面干燥后开始防护处理。

图 6.3　溢流坝段闸墩混凝土弧门混凝土凿毛面

（5）混凝土缺陷简易修补位置处理。先凿除简易修补层（主要为水泥砂浆，见图 6.4），打磨清理缝面，并按上述要求处理存在的蜂窝、麻面、疏松、错台等缺陷，清洗，待干燥后进行修补。

图 6.4　溢流坝段闸墩混凝土缺陷简易修补层

3. 材料的配制

填补用高黏度环氧砂浆的配制包括基液和砂浆配制，环氧基液配制方法为将环氧主剂和固化剂按 2∶1 称量，搅拌均匀，根据填补区域面积确定材料配量为 2 kg/m²，使用前搅拌均匀，使用时间控制在 1 h 以内。高黏度环氧砂浆配置方法为将预拌环氧主剂的金刚砂和固化剂按 15∶1 称量，把金刚砂堆成环形，中间倒入称好的固化剂，人工揉搓拌制均匀，使所有砂粒表面由透明色转变成乳白色。配制完成后，可操作时间约为 45 min。

CW711-H 高耐候性环氧砂浆的主剂和固化剂按 10∶3 称量，加入一定比例调色颜料粉剂，搅拌均匀，可操作时间约为 45 min。

4. 环氧砂浆涂刮

基面处理后利用环氧砂浆进行抗冲耐磨加强防护处理。根据处理部位需填补的深度不同，采用不同的修补工艺，具体如下：

（1）对于混凝土表面直接打磨处理且深度不大的地方，直接刮涂高强度耐候环氧砂浆。

（2）对于混凝土表面凿毛、刻槽等深度较大的部位，首先在凹坑处涂刷环氧基液，然后用高黏度环氧砂浆填补凹坑，每次填补厚度不超过 0.5 cm。在凹坑深度较大的部位，需要进行多次填补，直至与周边混凝土大致平齐。待填补的高黏度环氧砂浆表面硬化后，在其表面再涂刷环氧基液，进行二次填补。最后在填补的环氧砂浆表面刮涂高强度耐候环氧砂浆。

5.养护

修补防护完成后 24 h 内应防止明水进入修补区,如遇雨天应对整个闸墩及溢流面部位进行遮盖以避开雨雪。24 h 后即可在自然环境中养护,对环境没有特别要求。

6.1.4　实施效果

闸墩圆弧面混凝土存在的主要问题是接缝处质量较差,有明显的错台和突起,部分区域存在表面蜂窝和疏松混凝土。凿除缝周边浇筑质量较差的混凝土,用角磨机将错台和突起打磨平整,然后用清水冲洗,待表面干燥后,先用高黏度环氧砂浆填补较深缺陷,表面用高耐候环氧砂浆防护,处理前后效果对照如图 6.5、图 6.6 所示,3♯坝段中墩闸门前混凝土抗冲耐磨处理前后对比照片如图 6.7 所示。4♯坝段闸墩弧门前混凝土抗冲耐磨处理前后对比照片如图 6.8 所示。7♯坝段闸墩闸门后抗冲耐磨处理前后对比照片如图 6.9 所示。

(a) 处理前　　　　　　　　　　(b) 处理后

图 6.5　3♯坝段闸墩圆弧面处理前后对比

该水电站溢流坝段抗冲耐磨防护自 2014 年实施后,经过 3 年余时间运行以来,混凝土表面平整,颜色均一,未出现混凝土破损等情况。

（a）处理前　　　　　　　　　　　　（b）处理后

图6.6　3♯坝段闸墩圆弧面处理前后对比

（a）处理前　　　　　　　　　　　（b）处理后

图6.7　3♯坝段中墩闸门前混凝土抗冲耐磨处理前后对比

（a）处理前　　　　　　　　　　　（b）处理后

图6.8　4♯坝段闸墩弧门前混凝土抗冲耐磨处理前后对比

（a）处理前　　　　　　　　　　（b）处理后

图 6.9　7♯坝段闸墩闸门后抗冲耐磨处理前后对比

6.2　乌江沙沱水电站工程应用

6.2.1　工程概况

　　贵州乌江沙沱水电站工程位于贵州省东北部沿河县境内,系乌江干流规划开发的第七个梯级,上游 120.8 km 为思林水电站,下游 7 km 为沿河县城。沙沱水电站以发电为主,兼顾航运、防洪及灌溉等任务。贵州乌江沙沱水电站在沿河县城上游约 7 km 处,距贵阳市 442 km,距遵义市 266 km。水库正常蓄水位为 365 m,装机容量为 1120 MW,多年平均发电量为 45.52×10^8 kW·h。沙沱坝址控制流域面积 54508 km²,多年平均流量 951 m³/s。电站正常蓄水位 365 m,汛期限制水位 351 m(6～8 月),死水位 350 m。沙沱水库总库容 9.21×10^8 m³,调节库容 4.13×10^8 m³,电站装机容量 100×10^4 kW,与构皮滩水电站联合运行保证出力 35.66×10^4 kW,多年平均发电量 38.77×10^8 kW·h,机组年利用时间为 3877 小时。电站枢纽为二等工程,主要水工建筑物为二级建筑物。沙沱水电站是“西电东送”第二批开工的“四水”工程之一,被誉为贵州乌江水电梯级开发的“圆梦工程”。

　　乌江沙沱水电站枢纽由碾压混凝土重力坝、坝身溢流表孔、左岸引水坝段、坝后厂房及右岸垂直升船机等建筑物组成。泄洪建筑物布置在河床中部主河道上,采用宽尾墩与戽式消力池联合运用的消能形式,宽尾墩布置于溢流堰面后段的闸墩后缘。溢流表孔共 7 孔,每孔净宽 15 m,闸墩宽 5.0 m(边墩宽 4.0 m),溢流前沿总宽 143 m,堰顶高程 342.00 m。溢流表孔最大下泄流量为 32019 m³/s,最大单宽流量为 304.76 m³/s。消力池护坦顺下游河道布置,护坦长度为 100 m,宽为 135 m,护坦开挖高程为 282～284 m,护坦顶高程为 287 m。

2013年工程初期蓄水后,受导流底孔及消力池右侧尾坎趾墩未施工完成等条件限制,汛期采取了不利泄流工况,导致消力池内发生多处冲刷磨损破坏。2014年汛前对消力池进行全面检查和修复,修复的主要措施为环氧砂浆(混凝土)填补、钢筋修复和裂缝化学灌浆等。但汛后检查发现,在经历乌江流域"2014717"洪水后消力池破坏程度虽比2013年汛后有所降低,但池内破损仍较严重,同时消力池反弧段、溢流台阶面、边墙及尾坎局部的混凝土也存在破坏。现场排查发现的主要冲磨破坏情况如下:

(1)消力池地板出现较大范围的冲坑,有冲坑深度接近30 cm,且部分破损严重部位钢筋外露,造成钢筋缠绕、折断、扭断等;

(2)底板、边墙等部位混凝土出现较大范围的磨蚀破坏,表层混凝土磨蚀掉,严重的会造成钢筋外露;

(3)反弧段、溢流面、台阶坝面、边墙及尾坎等过流面出现冲磨破坏,造成混凝土局部破损等;

(4)溢流面、台阶坝面、消力池底板及边墙等过流面结构存在较多裂缝,止水系统被破坏。

6.2.2　材料选择

对于最大冲坑深度小于15 cm的区域,采用CW高弹性环氧砂浆进行修复,其性能指标见表6.3;对于最大冲坑深度大于15 cm的区域,采用二级配环氧混凝土进行修复,其配比见表6.4,性能指标见表6.5;新环氧抗冲耐磨材料修补层与老混凝土结合面,采用低黏度环氧树脂界面剂,其性能指标见表6.6。

表6.3　乌江沙沱水电站消力池抗冲耐磨修复用CW高弹性环氧砂浆性能

序号	检测项目		指标值
1	胶凝材料密度	A组分/(g/cm³)	1.8±0.10
		B组分/(g/cm³)	1.5±0.10
2	操作时间(20 ℃)/min		>45
3	固化时间(20 ℃)/min		约200
4	7天抗渗压力/MPa		>1.6
5	7天抗压强度/MPa		>70
6	7天抗拉强度/MPa		>16
7	7天极限拉伸变形率/%		>2
8	7天抗冲耐磨强度(72h水下钢球法)/[h/(kg/m²)]		>70
9	7天与混凝土黏接强度	干黏接/MPa	>4.0
		湿黏接/MPa	>3.5

表 6.4　乌江沙沱水电站消力池抗冲耐磨修复用二级配环氧混凝土配比（质量比）

序号	级配	CW 环氧胶 （A∶B=2∶1）	425 水泥	砂 （细度模数 2.75）	小石 （5～20 mm）	中石 （20～40 mm）
1	II	14	13	22	23	28

表 6.5　乌江沙沱水电站消力池抗冲耐磨修复用二级配环氧混凝土性能

序号	检测项目		性能指标
1	环氧胶基液密度	A 组分/(g/cm³)	1.06±0.1
		B 组分/(g/cm³)	1.06±0.1
2	操作时间(20 ℃)/min		>60
3	固化时间(20 ℃)/min		约 180
4	7 天抗渗压力/MPa		>1.6
5	7 天抗折强度/MPa		>20
6	7 天抗压强度/MPa		>70
7	7 天抗拉强度/MPa		>10
8	7 天抗冲耐磨强度(72h 水下钢球法)/[h/(kg/m²)]		>60
9	7 天与老混凝土黏接强度	干黏接/MPa	>3.5
		湿黏接/MPa	>3.0

表 6.6　乌江沙沱水电站消力池抗冲耐磨修复用 CW 低黏度环氧树脂界面剂性能

序号	项目	性能指标
1	干燥时间(表干)/min	<360
2	7 天与老混凝土黏接强度(干黏接)/MPa	>3.5
3	7 天抗拉强度/MPa	>16
4	7 天拉伸剪切强度/MPa	>10
5	7 天抗压强度/MPa	>60

6.2.3　施工工艺

1. 裂缝处理

对泄洪系统(含溢流面、台阶坝面、消力池底板及边墙等)过流面结构存在的裂缝及其分布情况进行系统编录。裂缝处理措施如下：

对于危害性(含渗水)的纵横裂缝(含结构缝)，应进行一定深度的化学灌浆处理，灌浆前对该段进行封闭(端部采用钻孔，表面采用刻槽，环氧砂浆回填)，封闭结构达到设计强度后,进行化学灌浆。钻灌深度为 50 cm(渗水结构缝以止水以上深度为准),应采用低黏度环氧灌浆材料,灌浆压力为 0.3~0.5 MPa,灌浆完成后为确保缝面平整,再用低黏度环氧浆液浸渍涂覆。

对于浅表性裂缝,在进行表面清理、刻槽、凿毛后应进行环氧砂浆回填处理。具备危害性的裂缝指贯穿深度大、渗水量大的可能对结构安全性造成影响的裂缝,具体是否具备危害性于施工时现场确定。裂缝处理工艺详见图 6.10。

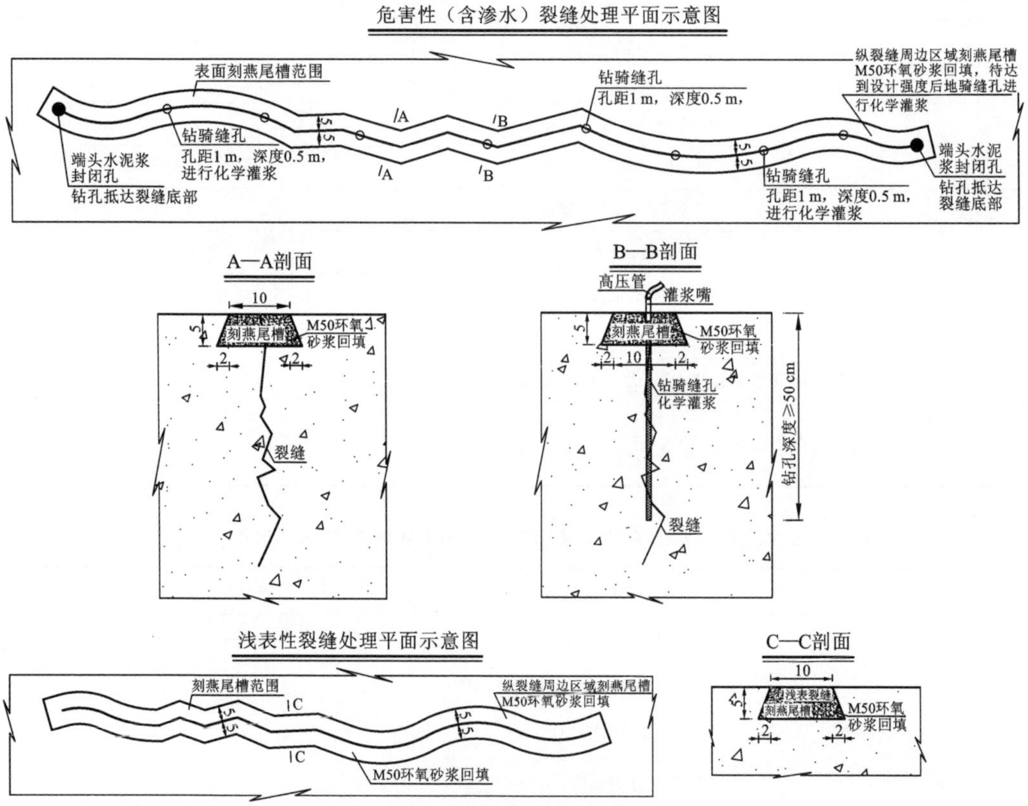

图 6.10　裂缝处理工艺详图(单位:cm)

工艺流程:凿槽清洗→钻孔→安装注浆管→环氧砂浆回填→化学灌浆→质量检查。

1) 表面清理、凿槽

表面打磨:用角磨机沿裂缝两侧打磨,打磨宽度在裂缝两侧各10 cm,打磨时必须修至新鲜混凝土面。

缝面清洗:缝面打磨后采用高压水进行清洗,用钢丝刷把表面刷洗干净。清洗后要求缝面无污垢,缝口清晰张开度明显,缝内无粉尘、杂物等,以保证下道工序的实施。

在各工作面按要求凿燕尾槽,燕尾槽首先用电镐掏除中间矩形部位,再人工对两边三角形部位进行凿除。

2）布孔、钻孔

按图纸要求采用 YT25 型手风钻钻孔，布孔分类为骑缝孔，骑缝钻孔布孔孔距为 1 m，孔径为 32 mm，孔深根据现场缝深调查结果而定。

裂缝平面两端头布置水泥浆封闭孔，钻孔必须达裂缝底部。

3）钻孔清洗及灌浆管安装

孔钻完后采用风水联合冲洗，先采用高压水冲洗，从孔底向孔外冲洗，待孔口回清水 10 min 后停止，再用高压风吹净孔内清水、残余物等。

骑缝孔：安装排气管（ϕ8 mm PVC 管），用环氧砂浆堵塞，固定安装时应确保灌浆管在裂缝中线位置上。

灌浆斜孔：化学灌浆孔内埋设一根 ϕ15 mm 镀锌灌浆管，灌浆管与钻孔壁间填充干净、干燥的小石，孔口环氧砂浆回填封堵。

灌浆管安装完成后逐一对每个孔进行登记编号，做好记录。

4）环氧砂浆回填

环氧砂浆配比要根据现场和环境调配，所用砂子要干净干燥，回填前要再次清洗槽内表面杂物杂质，使表面干净，并烘干后涂刷环氧基液，待基液初凝后就回填环氧砂浆，待回填部位的强度不低于周围混凝土强度时，再打毛处理。

混凝土表面的油渍等污染物，可用汽油、丙酮等有机溶剂或烧碱等碱性溶液洗刷去污。若污染层较深，则需凿除污染层，再回填补强。

5）通风检测

压风时间：封缝 1 天内（根据气候、温度），可进行通风检测。

通风检测压力：通风检测压力设定在 0.2 MPa。

6）化学灌浆

灌浆顺序：自下而上、由深孔到浅孔、自一端向另一端进行。

灌浆方法：采用钻孔灌浆法，相邻多孔出浆时可并联灌浆，灌浆方式为多点同步，依次灌浆。

灌浆压力：灌浆压力初设为 0.3～0.5 MPa，灌浆过程中应逐级提升灌浆压力，最大上限压力为 0.5 MPa，当顶面排气管出浆浓度与灌浆相同时，立即关闭阀门。

闭浆：在设计压力下，不吸浆，继续灌注 30 min，即可结束，并闭浆 2 h 以上。

浆材及配比：CW512 改性环氧树脂浆液配合比为 A∶B＝5∶1。

灌浆设备：采用长江科学院自主研发的 CY-HGB 型自动控压灌浆泵。

2. 消力池冲坑修复及抗冲耐磨防护处理

1）冲坑开挖

首先清除掉冲坑内的松动混凝土，并露出消力池表层钢筋，然后根据以下情况进行冲坑边缘处理：

对于冲磨面积小于 0.25 m² 且平均深度小于 10 cm 的冲坑,应将其边缘切割成深度不小于 15 cm 的切割面,切割面垂直于过流面,并进行凿毛。

对于冲磨面积小于 0.25 m² 且平均深度大于 10 cm 小于 30 cm 的冲坑,应将其边缘切割成深度不小于 20 cm 的切割面,切割面垂直于过流面,并进行凿毛。

对于冲磨面积大于 0.25 m² 的区域,应将其边缘切割成深度不小于 20 cm 的切割面(需形成燕尾槽),燕尾槽上小下大(角度约 15°),底部水平面大于顶部 5 cm。

2) 钢筋修复

对于破损严重并导致钢筋外露或损坏的部位,应将损坏严重的钢筋进行割除,并按原型号、原间距进行恢复,折断、扭断的钢筋需连接焊牢。钢筋恢复可采用单面、双面焊接等方式,确保钢筋有效连接。

3) 布设插筋

对于冲坑深度大于 15 cm 的部位,布置直径 25 mm,间距 0.5 m 插筋,梅花形布置;L 形插筋深入老混凝土面 1.40 m,顶部水平段(10 cm)与护坦表层钢筋焊接牢固,孔内注入 M30 砂浆;若插筋与原底板钢筋冲突时,可适当调整插筋位置。插筋距消力池底板分缝线 1.0 m 以上。

4) 修补层与老混凝土结合面涂刷黏接剂

为确保修补层与老混凝土的结合度,修复区老混凝土表面须清洁、干燥。老混凝土表面在清理、凿毛、刻槽、表面冲洗干净后需用无油高压风吹干(或用棉纱揩干),干燥后在填补环氧砂浆(混凝土)前先涂刷一薄层环氧基液(黏接剂)。涂刷基液时,力求薄而均匀,凹凸不平难于涂刷的地方,反复多刷几次,基液厚度以不超过 1 mm 为宜。涂刷后须间隔一定时间,待基液中的气泡消除后并在初凝前(用手触摸有显著的拉丝现象时)铺筑修补材料,具体间隔时间可根据现场试验确定。

5) 冲坑修复

鉴于初步检查结果为最大冲坑深度不大于 30 cm 的冲坑,修复措施如下:对于最大冲坑深度小于 15 cm 的区域,采用改性环氧砂浆进行修复;对于最大冲坑深度大于 15 cm 的区域,采用二级配环氧混凝土进行修复。

环氧砂浆 28 天龄期抗压强度不低于 40 MPa,抗拉强度不低于 10 MPa,与混凝土面黏接强度大于 3 MPa。环氧砂浆最终凝固时间为 2~4 h。环氧砂浆修补后养护期为 5~7 天,养护温度为(20±5) ℃。养护期内注意遮阳防晒和保温,不得受水浸泡和外力冲击。

环氧砂浆采用小型立式砂浆搅拌机拌制,将环氧砂浆两组分按比例装入拌桶内,搅拌 10~15 min,目测环氧砂浆两组分均匀一致后用于填筑修补。每次拌料量需按现场用量进行控制,少量环氧砂浆可采用电动搅拌机在塑料桶中拌制。搅拌机每拌完一批料后要认真刮出桶壁及搅拌臂上的环氧,防止环氧砂浆固化后难以清除。

二级配环氧混凝土采用小型滚筒混凝土搅拌机拌制,拌料时先装入粗细骨料,然后装入配制好的环氧浆液,拌制均匀后使用,每次拌量根据使用需求定,拌完一批及时清洗搅拌机拌桶。

6）修补层与老混凝土边界接触缝处理

环氧砂浆或混凝土填补冲坑完成 7 天后,新老混凝土接合缝表面两侧 20 cm 范围内涂刷界面基液黏接剂两遍,并采取有效措施保证基液尽量渗入接触缝,确保有效结合。

3. 磨蚀部位修复及抗冲耐磨防护处理

沙沱水电站消力池冲磨修补工程开展了抗磨蚀修补防护试验,选择磨蚀深度小于 5 cm、面积约 5 m² 的区域开展耐磨蚀修补防护试验,采用的材料为 CW 高弹性抗冲耐磨环氧砂浆,该材料是长江水利委员会长江科学院针对水工建筑物高速过流区抗冲耐磨防护而研发的高弹性高强度改性环氧材料,该材料在西藏自治区某水电站溢流面抗冲耐磨修补工程、向家坝水电站泄流孔及消力池缺陷修补试验中取得了良好的效果,该材料的主要性能见表 6.3。

4. 消力池结构缝及止水修复

在消力池修复前,需对结构缝止水进行详细排查。对于底板铜片止水存在严重破损的部位,应将破损部位割除后采用同型号铜片止水进行焊接修复。铜止水修复时要将破损处混凝土完全凿除,切割破损部位,清理铜止水上下松散混凝土,先浇筑铜止水下层混凝土,振捣平整后焊接铜止水,然后浇筑上层混凝土,按要求进行混凝土养护。对缝宽 ≥5 mm 的结构缝和结构缝周边破损部位,采用 M40 环氧砂浆进行处理和封闭,但对于具备危害性的结构缝,需按本节"裂缝处理"中的规定处理。具备危害性的结构缝指贯穿深度大、渗水量大的可能对结构安全性造成影响的结构缝,具体结构缝是否具备危害性于施工时现场确定。

5. 其他结构混凝土局部缺陷处理

（1）对反弧段、溢流面、台阶坝面、边墙及尾坎等过流面出现的局部缺陷,先凿除麻面或不密实部位,清理干净后,结合面涂刷黏接剂,再采用环氧砂浆进行修复,确保新老接合面有效结合及过流面平整度满足冲坑开挖处理的要求。

（2）表面打磨。用角磨机沿裂缝两侧打磨,打磨宽度在裂缝两侧各 10 cm,打磨时必修至新鲜混凝土表面。

（3）缝面清洗。缝面打磨后采用高压水进行清洗,用竹刷（钢丝刷）把表面刷洗干净。清洗后要求缝面无污垢,缝口清晰张开度明显,缝内无粉尘、杂物等,以保证下道工序的实施。

6.2.4　实施效果

此次消力池缺陷修复大面积区域共计 27 处,小修补点若干,计量的大块修补面积共计 19.5 m²,修复结构缝 1161.5 m,修复工程耗时 35 天。部分缺陷修补后效果图见图 6.11~6.15。

　　　　（a）处理前　　　　　　　　　　　　　（b）处理后

图 6.11　处理前及处理后的消力池台阶面的混凝土裂缝

图 6.12　消力池台阶面缺损修补后情况

图 6.13　消力池底板冲磨坑大面积修补（二级配环氧混凝土）

图 6.14　消力池底板结构缝修补后情况

图 6.15　消力池底板与侧墙夹角处磨损修补后情况

2016 年 2 月工程运管单位组织消力池抽空和检查工作,运行一个汛期后部分修补处情况见图 6.16~6.18,发现原修补部位运行良好。检查新发现小冲坑 13 处,安排采用相同的方法进行修补处理。

图 6.16　消力池底板结构缝修补处服役 1 年后的情况

图 6.17　消力池底板与弧面衔接处修补后服役 1 年后的情况

图 6.18　消力池弧面修补处服役 1 年后的情况

6.3　乌江构皮滩水电站工程应用

6.3.1　工程概况

乌江构皮滩水电站位于贵州省余庆县,是乌江流域梯级滚动开发的第五级,上游距乌江渡水电站 137 km,下游距河口涪陵 455 km。电站装机容量 300×10^4 kW,年发电量 96.67×10^8 kW·h,保证出力 75.18×10^4 kW。水库正常蓄水位 630 m,库容 55.64×10^8 m³,调节库容 31.54×10^8 m³。电站主要任务是发电,兼顾航运、防洪及其他综合利用任务。构皮滩水电站是国家“十五”计划重点工程,是贵州省实施“西电东送”战略的标志性工程,在上游水库的调节下,水库可以起到多年调节作用。电站枢纽由高 225 m 的混凝土双曲拱坝、右岸地下式厂房、坝身表中孔泄洪及左岸泄洪洞等建筑物组成。导流工程由左岸两条导流洞、右岸一条导流洞组成。

水垫塘设于坝后,采用平底板封闭抽排结构型式。水垫塘横断面为复式梯形,净长约 332 m,标准断面底宽 70 m,底板高程 412～420 m。二道坝坝顶高程 444.50 m,水垫塘两侧贴坡混凝土顶高程 495.50 m,左右岸分别在高程 430.00 m、481.00 m 设置马道,高程为 430.00 m 的马道宽 3.5～9.0 m,左、右岸高程为 481.00 m 的马道宽度分别为 6.5 m～4.9 m～7.6 m 和 6.5 m～7.0 m～5.0 m,最大宽度分别为 21.5 m 和 15.0 m,马道上游侧与大坝下游人行道相通,下游侧分别通往 1 号公路和 2 号公路。

水垫塘为钢筋混凝土结构,其混凝土品种为 430 m 高程以下表面 50 cm 厚为 C50(二)W12F200 抗冲耐磨混凝土,其余为 C25(三)W8F200 混凝土。

经多年运行,贵州乌江构皮滩水电站水垫塘受冲磨破坏,塘体混凝土结构出现损坏,对其进行修补,主要包括以下几部分:

(1)水垫塘底板冲磨部位修补;

(2)底板和边墙交角掏槽处修补;

(3)边墙底部磨蚀处理;

(4)裂缝处理,包括新增裂缝处理、原裂缝封闭材料脱落处理、裂缝检查孔封闭;

(5)右岸高程 430.00 m 马道上方原处理部位聚脲修补。

6.3.2　材料选择

由于本次底板冲磨修补主要针对粗骨料出露且平均冲磨深度≥3 mm 的部位进行。修补区厚度不足 10 mm(不足 5 mm 的开凿至不小于 5 mm)的采用 CW810 抗冲耐磨环氧胶泥修补,其性能指标如表 6.7 所示;10 mm 以上的,面层 5 mm 厚采用 CW810 抗冲耐磨环氧胶泥修补,底层采用 CW711-H 高性能改性环氧砂浆,其性能指标如表 6.8 所示,水垫塘抗冲耐磨修补工程用环氧专用界面剂性能如表 6.9 所示。

表 6.7　水垫塘抗冲耐磨修补工程用抗冲耐磨环氧胶泥(CW810)性能

序号	项目	单位	性能指标
1	抗压强度(28 天)	MPa	$\geqslant 90$
2	混凝土黏接强度(28 天)	MPa	$\geqslant 4$
3	抗拉强度(28 天)	MPa	$\geqslant 18$
4	拉伸剪切强度(28 天)	MPa	$\geqslant 15$
5	抗冲耐磨(抗冲耐磨强度,72 h)	$h/(kg/m^2)$	>70
6	热膨胀系数	$℃^{-1}$	$\leqslant 2.4 \times 10^{-5}$
7	抗冻融循环	—	$\geqslant F200$

表 6.8　水垫塘抗冲耐磨修补工程用改性环氧砂浆(CW711-H)性能

序号	项目	单位	性能指标
1	抗压强度(28 天)	MPa	$\geqslant 100$
2	混凝土黏接强度(28 天)	MPa	$\geqslant 4$
3	拉伸剪切强度(28 天)	MPa	$\geqslant 10$
4	抗冲耐磨(抗冲耐磨强度,72 h)	$h/(kg/m^2)$	>50
5	抗拉强度(28 天)	MPa	$\geqslant 20$
6	热膨胀系数	$℃^{-1}$	$\leqslant 2.4 \times 10^{-5}$
7	抗冻融循环	—	$\geqslant F200$

表 6.9　水垫塘抗冲耐磨修补工程用环氧专用界面剂性能

序号	项目	单位	性能指标
1	干燥时间(表干)	min	<360
2	混凝土黏接强度(28 天)	MPa	$\geqslant 4$
3	拉伸强度(28 天)	MPa	$\geqslant 20$
4	拉伸剪切强度(28 天)	MPa	$\geqslant 10$
5	抗压强度(28 天)	MPa	$\geqslant 60$
6	抗冻融循环	—	$\geqslant F200$

6.3.3　施工工艺

1. 裂缝处理

1）裂缝表面封闭处理

从右护 11 边墙延伸至右护 12 底板有一条裂缝,长 15.5 m,缝深为 1.0~1.75 m,该裂缝表面呈划痕拉槽状。采用表面封闭方法对该裂缝进行处理。

先沿裂缝凿燕尾槽(顶宽 60 mm,底宽 80 mm,深 60 mm,见图 6.19),并向缝两端各顺延 50 cm。槽内清理干净后,先在槽底及槽侧面底部 20 mm 表面用毛刷涂刷环氧专用界面剂一遍,涂刷应薄而均匀,使胶液渗入混凝土基面。待界面剂用手触摸有拉丝现象时,在槽底贴 20 mm 厚 SR-2 止水材料。在 SR-2 表面及槽两侧剩余表面涂刷专用界面剂一遍,待界面剂用手触摸有拉丝现象时,先在槽内回填 CW711-H 高性能改性环氧砂浆35 mm厚,然后在表面刮涂 5 mm 厚的 CW810 抗冲耐磨环氧胶泥,表面要抹光抹平,确保达到表面不平整度要求。

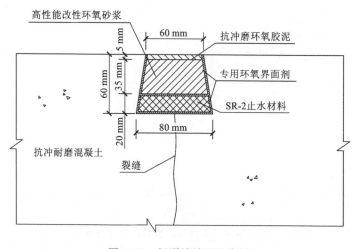

图 6.19　新裂缝处理示意图

2）原裂缝封闭材料脱落处理

水垫塘底板原处理裂缝表面封闭环氧砂浆部分脱落,总长度约 20 m。采用高性能改性环氧砂浆和抗冲耐磨环氧胶泥重新进行封闭处理。

首先对原处理脱落部位进行清理,必要时对原燕尾槽进行适度修型。槽清理干净干燥后进行封闭。

3）裂缝检查孔封闭

为检查新增裂缝深度，钻 5 个直径约 50 mm、深 2 m 的钻孔。钻孔封闭流程：在各孔表面开凿 15 cm×15 cm×6 cm（长×宽×深）方槽（方槽平面中心应与钻孔中心重合）；将钻孔冲洗干净、吹干后，采用 M50 预缩砂浆分层回填至与方槽底部齐平。分层厚度不大于 20 cm，并锤捣密实；预缩砂浆回填完成 3 天后，将槽底面和侧面清理干净、干燥，在槽底面和侧面涂刷专用环氧界面剂，分层铺装 55 mm 厚高性能改性环氧砂浆和 5 mm 厚抗冲耐磨环氧胶泥。

2. 水垫塘底板冲磨部位修补

1）处理要求

水垫塘底板表面遭遇大面积冲刷磨损，粗骨料出露面积约 3350 m²，平均冲磨深度约 10 mm，局部冲坑深为 20～50 mm；中小骨料出露面积约 6850 m²，平均冲磨深度小于 5 mm。

本次底板冲磨修补主要针对粗骨料出露且平均冲磨深度≥3 mm 的部位进行。修补区厚度不足 10 mm（不足 5 mm 的凿除到不小于 5 mm）的采用抗冲耐磨环氧胶泥；10 mm 以上的，面层 5 mm 厚采用抗冲耐磨环氧胶泥，底层采用高性能改性环氧砂浆，其厚度按修补总厚度确定。

2）处理流程

（1）以水垫塘底板按结构缝分割的板块为基本单元，逐单元检查粗骨料出露情况确定修补范围。

（2）待修补区表面混凝土处理。先用手钎或其他工具将混凝土面疏松部分凿除，再用插尺或其他工具检查需要修补的区域，判断需修补的厚度是否大于 5 mm，如不够 5 mm 则需对其进行凿除，使其不小于 5 mm。对修补区域的边缘进行凿齿槽处理，避免在修补区边缘形成浅薄的边口。用角磨机或钢丝轮将需修补的、凿除处理好的基面污染物、松散颗粒清除干净，直至露出新鲜、密实的骨料。混凝土表面有超出平面局部凸起的，用角磨机磨平；混凝土表面有蜂窝、麻面等情况的，用切割机切除薄弱部分。用压缩空气将表面砂粒、灰尘吹去，再用压缩水冲洗混凝土，使基面干净无灰尘，最后再风干、压缩空气冲吹或采用其他干燥措施使基面干燥，表面干燥程度根据配方要求控制。基面打磨施工见图 6.20。

（3）固定厚度标尺。确定施工区域，调线确定抗冲耐磨修复层的平均厚度，并打标高点以保证修复厚度。

（4）涂刷专用环氧界面剂（见图 6.21）。在清理干净并干燥的基面上用毛刷涂刷专用环氧界面剂一遍，涂刷应薄而均匀，使胶液尽可能渗入混凝土基面。待界面剂用手触摸有拉丝现象时，再铺装护面料（高性能改性环氧砂浆或抗冲耐磨环氧胶泥）（见图 6.22）。

图 6.20　水垫塘底板冲磨修补区基面打磨施工

图 6.21　水垫塘底板修复——涂刷界面剂

图 6.22　水垫塘底板修复——刮涂 CW810 抗冲耐磨环氧胶泥

（5）铺装护面材料。①修补总厚度为 10 mm 以上的区域需涂抹高性能改性环氧砂浆。把按规定配比拌制均匀的 CW711-H 高性能改性环氧砂浆直接铺设到干净、平整且涂刷过界面剂的基面上，使其相对均匀地分层铺设，每层铺设厚度不宜大于 20 mm，并用力压实抹平。高性能改性环氧砂浆厚度按修复部位总深度减 5 mm 确定。在改性环氧砂浆施工完毕后，保持基面干净，用刮刀刮涂抗冲耐磨环氧胶泥，环氧胶泥厚度为 5 mm，表面要抹光抹平，使其满足表面不平整度要求。②修补总厚度 10 mm 以下区域需要把准备好的抗冲耐磨环氧胶泥用刮刀刮涂到干净、平整且涂刷过界面剂的基面上，环氧胶泥厚度不小于5 mm，表面要抹光抹平，确保达到表面不平整度要求。

3）注意事项

大面积底板磨损应分区进行修补，分区施工有利于避免环氧砂浆或胶泥的收缩及固化发热膨胀引起的环氧砂浆层的自身开裂和空鼓。分块边长控制在 3 m 以内，施工块间应预留 30～50 mm 的间隔缝，待固化 1～2 天后再将间隔缝用改性环氧砂浆或环氧胶泥填补密实平整（具体材料与缝两侧材料相同），并与两边的施工块保持平整一致，不得有错台和明显的接缝痕迹。施工中出现的施工缝，做成 45°斜面，再次施工时，斜面应做清洁处理并涂刷界面剂后方可回填填缝料，并注意压实找平，不得出现施工冷缝。

对于结构缝处的修复处理，用有一定刚度的直尺或其他硬薄片（表面涂刷脱模剂），在结构缝处将需修补的掏槽分隔开，修补完一边后再修补另外一边，保证结构缝的完整。

在修补区与未修补区底板之间涂抹抗冲耐磨修复材料，涂抹应连接平滑、流畅，且应严格控制修补区的高程、平整度及与未修补区的连接，当表面不平整度超过 5 mm 时，采用1：20的斜坡平顺连接。

施工环境日温差不宜太大，按配方要求决定使用温度。施工时应搭设雨阳棚，避免日光雨水直接作用于施工面。

施工完成后，环氧砂浆应进行养护和表面覆盖，表面覆盖至水垫塘充水。水垫塘充水前遇温度较高时，应进行洒水降温。

3. 底板和边墙交角掏槽处冲磨修补

右岸底板与边墙交角共有掏槽 4 处，总长约 5 m，最大深度约 6 cm，采用 CW711-H 改性环氧砂浆和 CW810 抗冲耐磨环氧胶泥进行修补，修补方法如下。

（1）基面处理。凿除掉修复部位混凝土（不损害周围完好的混凝土），刻槽，见图 6.23。表面冲洗干净，表面干燥程度应根据配方要求控制。

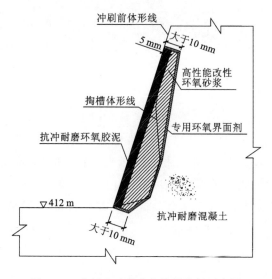

图 6.23　底板和边墙交角掏槽修补示意图

（2）基液涂刷。掏槽清理干净后，用毛刷涂刷专用环氧界面剂一遍，涂刷应薄而均匀，使胶液渗入混凝土基面。待界面剂用手触摸有拉丝现象时，再铺设环氧砂浆。

（3）环氧砂浆施工。把按规定配比拌制均匀的双组分改性环氧砂浆直接铺设到干净、平整且涂刷过界面剂的基面上，使其相对均匀地分层铺设，每层铺设厚度不宜大于 20 mm，并用力压实抹平。

（4）环氧胶泥施工。在改性环氧砂浆施工完毕后，保持基面干净，用刮刀刮涂抗冲耐磨环氧胶泥，环氧胶泥厚度不小于 5 mm，表面要抹光抹平，使其满足表面平整度要求。

4. 边墙底部磨蚀处理

边墙底部底板上方高约 2 m 范围内局部被磨蚀，呈点状破坏，磨蚀总面积约 240 m²。

点蚀坑采用如下方法修补。

（1）涂刷专用环氧界面剂：在清理干净的基面上用毛刷涂刷环氧专用界面剂一遍，涂刷应薄而均匀，使胶液渗入混凝土基面。待界面剂用手触摸有拉丝现象时，再铺设环氧胶泥。

（2）刮涂抗冲耐磨环氧胶泥：用刮刀刮涂抗冲耐磨环氧胶泥，环氧胶泥厚度不小于5 mm，表面要抹光抹平，确保达到表面平整度要求。

5. 聚脲抗冲耐磨修补

1）处理要求

水垫塘右岸高程为 430 m 的马道上方原处理部位聚脲出现掉块、卷边、鼓包等破坏，破坏情况有三种：在贴碳纤维布并涂刷聚脲部位，有两者一起损坏，也有仅表面聚脲损坏；在仅涂刷聚脲部位，聚脲局部破坏，受损总面积约 150 m²。与三种破坏情况相对应，分别采用三种方法进行修补：在混凝土表面涂刷 5 mm 厚涂层中增设一层胎基布的抗冲耐磨型手刮单组分聚脲、在原碳纤维布表面涂刷 3 mm 厚抗冲耐磨型手刮单组分聚脲和在混凝土表面涂刷 3 mm 厚抗冲耐磨型手刮单组分聚脲。主要材料技术指标见表 6.10、表 6.11。

表 6.10　水垫塘抗冲耐磨修补工程用 SK 手刮抗冲耐磨型单组分聚脲性能

序号	项目	单位	性能指标
1	拉伸强度	MPa	≥20
2	扯断伸长率	％	≥150
3	撕裂强度	kN/m	≥60
4	硬度	邵 A	≥80
5	附着力（潮湿面）	MPa	≥2.5
5	抗冲耐磨（抗冲耐磨强度）	h/(kg/m²)	≥20
6	颜色		浅灰色，可调

表 6.11　水垫塘抗冲耐磨修补工程用胎基布外观及力学性能

序号	项目		性能指标
1	外观		均匀无抽丝、破损
2	断裂强力值/N	径向	≥200
		维向	≥100
3	断裂伸长率/％	径向	≥20
		维向	≥20

2）处理过程

（1）确定修补范围。以水垫塘边墙按结构缝分割的板块为基本单元，逐单元检查破损情况确定各类修补范围并做出醒目标记。

（2）基面处理。受损伤部位用角磨机对混凝土表面进行打磨，清除原水泥基涂层及表面的棱角，用高压水枪冲洗表面的灰尘、浮渣，待水分完全挥发后，对混凝土表面局部孔洞用高强找平腻子填补，找平材料固化后，再使用角磨机对混凝土表面进行打磨、清洗，要求混凝土表明平整、坚固、无孔洞。周围 20 cm 范围完好聚脲表面也应清洗干净。对于聚脲受损而碳纤维布完好部位，应将碳纤维布表面打磨，清洗干净。

（3）涂刷专用界面剂或层间处理剂

在干净混凝土表面［或碳纤维布表面（晾干）］及周围 10 cm 范围（新老聚脲搭接）老聚脲表面涂刷 BE 专用潮湿面界面剂。碳纤维布表面及老聚脲表面在界面剂表干（黏手而不拉丝）后增涂层间处理剂 C030M。涂刷厚度要求薄而均匀，无漏涂现象。

（4）涂覆聚脲

界面剂（或层间处理剂）表干后，大面积手刮聚脲，每次涂覆聚脲厚度控制在 1 mm 左右，聚脲总的涂覆厚度不小于设计厚度。在收边处边缘打磨成倒三角形，保证周边聚脲厚度大于设计厚度。

手刮聚脲涂层厚度要均匀，涂刷一次成型，不要来回涂，防止出现小包。

需增设胎基布部位，在涂刷完 1 mm 厚聚脲后 1 h 内铺设胎基布，再继续涂刷聚脲直到厚度满足设计要求。聚脲施工情况见图 6.24。

图 6.24　高程 430.00 m 马道上方聚脲层修补施工

3）注意事项

（1）混凝土基础打磨后一定要清洗干净,晾干后再涂刷界面剂。

（2）界面剂的涂刷面积一定要大于涂刷手刮聚脲的面积。

（3）界面剂按厂家要求的 A、B 组分配比进行混合均匀,一次混合量不宜多,用多少配置多少。

（4）涂刷手刮聚脲时间要在界面剂初始固化（黏手而不拉丝）时实施,如果时间过长,需要增加 C030M 活化剂。

（5）SK 手刮聚脲在使用时必须使用专门手刮板。

（6）SK 手刮聚脲涂层要求均匀。涂刷时应用力纵横涂刷,保证凹凸处均能涂上并达到均匀,涂刷面积要在界面剂涂刷范围以内。

（7）施工人员必须配备劳动防护用品。施工现场要保证有良好的通风,同时要隔绝火源,远离热源,如果溅到皮肤上,应立即用自来水冲洗。如果不慎将涂料溅入眼中,应立即用自来水对眼部进行清洗,如仍感不适,请速去医院治疗。

（8）聚脲施工结束后要养护 3 天以上。

4）雨季施工措施

（1）施工期间加强气象预报工作,及时了解雨情和其他气象情况,妥善安排施工进度。

（2）根据预报情况,提前进行施工区域防雨棚搭设,要求下雨时不影响环氧砂浆、环氧胶泥施工,包括已处理的混凝土基面不被淋湿,拌制材料场所严格防雨。

（3）根据气象预报情况,对完成施工的环氧类修补材料进行提前防雨防护,待材料完全固化后撤除防护。

（4）如降雨量过大,无法保证施工面不被雨水浸湿,应停止施工,待雨停后进行排水除湿后再继续施工;施工过程中修补区要做好遮盖,恢复施工后如未完成的修补层已初凝,应涂刷环氧基液以保证施工间断分层之间的有效粘接。

（5）因降雨量过大而暂停施工后,现场所有施工人员都仍坚守岗位,并做好随时恢复施工的准备工作;应时刻注意水垫塘积水情况,及时做好抽水和引排工作,防止施工器具、原材料及刚完成的修补区被积水浸泡。

（6）雨后恢复施工前,露天施工器具排除积水,沥干;清理施工面,排除积水,需马上填补环氧砂浆或环氧混凝土部位应吹干或烤干。

6.3.4　实施效果

构皮滩水电站水垫塘水损修复处理工程于 2015 年 04 月 07 日开工,2015 年 04 月 23 日水垫塘塘底抗冲耐磨涂层施工结束,2015 年 04 月 30 日 430 m 马道上聚脲修复完成,共计 24 天。修补工程共完成底板抗冲耐磨环氧胶泥施工 2558.2 m²,底板高性能改性环氧砂浆和抗冲耐磨环氧胶泥施工 860 m²,底板和边墙交角掏槽处修补 7.43 m,边墙底部磨蚀处理 260 m²,裂缝处理 36 m,高程为 430.00 m 的马道上方原处理部位聚脲修补 150 m²。修补后的水垫塘外观见图 6.25,高程为 430.00 m 的马道上方聚脲层外观见图 6.26。

图 6.25　修复工程完成后的水垫塘外观

图 6.26　修复完成后的 430.00 m 高程马道上方聚脲层外观

2016 年 11 月,贵州乌江水电开发有限责任公司构皮滩发电厂组织对构皮滩水电站水垫塘进行水下检查,采用 ROV 水下机器人(图 6.27)对水电站坝址静水区及二道坝坝面、水垫塘、左右护边墙、左右岸高程 430 m 马道、底板与边墙夹角、边墙底部进行检查,检查在经历两个汛期后水垫塘修复部位是否存在新的冲磨破坏。经检查发现,2015 年汛期开展的水损修复部位除少量淤泥及附着物外,未发现新的裂缝、表面冲蚀、剥落、坑洞、破损等缺陷,修复区表面抗冲耐磨层工作状态良好(图 6.28)。

图 6.27　ROV 水下检查作业工作平台

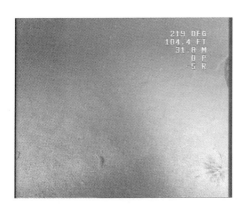

图 6.28　水垫塘底板淤泥及右护墙与底板夹角

6.4　清江隔河岩水利枢纽工程应用

6.4.1　工程概况

清江隔河岩水利枢纽工程是清江中下游梯级开发的三个梯级的中间一级,工程于 1987 年开始施工,1993 年开始下闸蓄水,大坝、厂房工程于 1996 年全部建成并挡水、发电。

隔河岩水利枢纽大坝为上重下拱的重力拱坝,坝顶高程 206 m,最大坝高 151 m,坝高库大,坝下游设消力池。工程采用坝身表孔和深孔泄洪,坝下游采用新型的射流-水垫塘联合消能型式。泄洪设备由 7 个溢流表孔和 4 个全压下弯型泄洪深孔组成,表孔孔口尺寸为 12.0 m×18.2 m(宽×高),堰顶高程 181.80 m,深孔出口控制断面尺寸为 4.5 m×6.5 m(宽×高),进口底坎高程 134.0 m。为了克服拱坝泄水的向心水流,采用不对称宽尾墩将水舌纵向拉开变成薄片,水流平行地落在消力池内消能。其结构将高速水流束窄、拉长、分散,在空中充分掺气后再落入消力池中紊动消能,水力学条件复杂。

水垫塘消力池由护坦、尾坎和左右贴坡式边墙组成。护坦顶板高程 58~59 m,尾坎顶高程 65 m。消力池结构布置为 3~4 m 厚混凝土护坦加锚桩、封闭抽排系统型式,池上游宽度 133 m,尾宽 112 m,顺流向最大池长 153.5 m,分 9 排,自上至下分别编号 0~8,每排分 7~9 块护坦板,自左岸至右岸分别编号。为防止高速水流磨蚀、冲蚀消力池,护坦表层采用厚 50 cm 的 $R_{28}400$ 抗冲耐磨混凝土。由于受大坝泄洪冲蚀的影响,隔河岩大坝一级消力池先后在 1993 年、1996 年和 1999 年进行过三次修补。

2017 年 1 月 5 日~1 月 8 日,清江水电开发有限责任公司组织相关单位人员一起对隔河岩大坝一级消力池护坦、尾坎和左右岸贴坡混凝土护岸等部位进行了水下检查工作。根据检查项目确定修补设计处理范围,修补工程包括以下几类:

消力池护坦底板靠近左侧边墙的护坦 3-1 至 7-4 的冲蚀磨损区,面积约 1200 m²,形状为不规则的"T"字形,钢筋裸露,最大深度为 25 cm。

消力池护坦板 6-5、7-6、8-6 等钢筋外露的部位,该部位冲蚀面积约 1.5 m²,表面 5 cm 厚高标号混凝土保护层已经全部冲刷磨蚀掉。

消力池边墙及护坦板的局部小冲坑。消力池护坦板 2-4 有一处冲刷破坏,尺寸为 240 cm(顺河向)×18 cm(横河向)×6 cm(深)。

冲蚀所产生的粗骨料外露。消力池尾坎高程 59~61.5 m 部分,高程 65~68 m 部分,以及消力池护坦板局部区域,由冲蚀产生的粗骨料外露,从左侧护坡一直延伸至右侧护坡。

6.4.2 材料选择

1. 环氧混凝土

工程设计采用 C50 一级配亲水性环氧混凝土进行消力池底板冲坑修补,尤其是消力池护坦底板靠近左侧边墙的护坦 3-1 至 7-4 的不规则"T"字形冲蚀磨损区,其性能要求见表 6.12。环氧混凝土强度高,具有良好的抗冲耐磨性能,具有亲水性能,可以保证在底板混凝土基面存在一定潮气或渗水条件下仍具有良好的黏接性能,使修补层与原混凝土基底具有良好的整体性能,确保其抗冲耐磨、抗冲击和抵抗泄水震动性能的发挥。

表 6.12　清江隔河岩大坝一级消力池修补用一级配环氧胶泥主要性能指标

项目		单位	性能指标
操作时间(20 ℃)		min	＞60
7 天抗渗压力		MPa	＞1.2
7 天抗压强度		MPa	＞50
7 天抗拉强度		MPa	＞12
抗冲耐磨强度(72 h 水下钢球法)		h/(kg/m²)	＞50
7 天与老混凝土黏接强度	干黏接	MPa	＞3.5
	湿黏接	MPa	＞3.0
热膨胀系数		℃⁻¹	≤2.4×10⁻⁵
抗冻融循环		—	≥F200

工程现场使用环氧树脂胶(巴陵石化 CYD-128)及配套固化剂来配制一级配环氧混凝土,配合比为环氧胶：水泥：细沙：中砂：石子(D20)＝12：3：8：27：50,其中环氧胶配比为环氧树脂：固化剂＝4：1,取样检测及现场抽样检测材料性能基本满足设计要求(抗拉强度相对较差)。

2. 抗冲耐磨环氧砂浆

工程设计采用高性能改性环氧砂浆进行消力池底板浅层冲坑及磨蚀的修补,其性能要求见表 6.13。该材料应使用高强度环氧胶,配以一定级配的细骨料及填充粉料,具有良好的施工性能、界面黏接效果和抗冲耐磨性能。

表 6.13　清江隔河岩大坝一级消力池修补用高性能改性环氧砂浆性能指标

项目		单位	性能指标
操作时间(20 ℃)		min	＞45
7 天抗渗压力		MPa	＞1.6
7 天抗压强度		MPa	＞60
7 天抗拉强度		MPa	＞12
抗冲耐磨强度(72 h 水下钢球法)		h/(kg/m²)	＞50
7 天与老混凝土黏接强度	干黏接	MPa	＞3.5
	湿黏接	MPa	＞3.0
热膨胀系数		℃⁻¹	≤2.4×10⁻⁵
抗冻融循环		—	≥F200

工程现场使用环氧树脂胶(巴陵石化 CYD-128)及配套固化剂来配制抗冲耐磨环氧砂浆,胶砂比为 1∶4,其中环氧胶配比为环氧树脂∶固化剂＝4∶1,取样检测及现场抽样检测材料性能基本满足设计要求。

3. 高性能环氧胶泥

工程设计采用高性能环氧胶泥进行消力池内泥土轻微磨损区薄层修补,该材料应具有良好的施工性能、黏接性能和抗冲耐磨性能,其性能要求见表 6.14。

表 6.14　清江隔河岩大坝一级消力池修补用高性能环氧胶泥性能指标

项目		单位	性能指标
操作时间(20 ℃)		min	＞30
7 天抗渗压力		MPa	＞1.6
7 天抗压强度		MPa	＞60
7 天抗拉强度		MPa	＞16
抗冲耐磨强度(72 h 水下钢球法)		h/(kg/m²)	＞50
7 天与老混凝土黏接强度	干黏接	MPa	＞3.5
	湿黏接	MPa	＞3.0
热膨胀系数		℃⁻¹	≤2.4×10⁻⁵
抗冻融循环		—	≥F200

现场施工使用某品牌 A 级建筑结构胶,配制比例为 A∶B＝3∶1。经专业结构检测,其性能满足设计要求。

4. 环氧基液

工程设计使用专用环氧基液以提高修补层与混凝土基面的黏接性能,其应是一种黏度低、渗透性好、强度高、操作方便的环氧专用基液,与环氧砂浆、环氧混凝土配套施工。其主要性能要求见表 6.15。现场使用拌制环氧混凝土的环氧树脂胶作为界面剂。

表 6.15　清江隔河岩大坝一级消力池修补用环氧基液性能

项目	单位	指标
干燥时间	min	＜360
抗压强度	MPa	＞60
抗拉强度	MPa	＞9
干黏接强度(混凝土基面)	MPa	＞3.5
拉伸剪切强度(钢对钢)	MPa	＞10
抗冻循环	—	≥F200

6.4.3 施工工艺

1. 环氧混凝土施工工艺

1）修补区混凝土表面的处理（基面处理）

首先对破损区域进行清理，对于局部钢筋外露的部位，根据钢筋出露的破损、锈蚀等情况，结合该部位的重要性及整体性要求，现场确定处理方法。

然后，用手钎或其他工具将混凝土面疏松部分凿除，再用插尺或其他工具检查需要修补的区域，判断需修补的厚度是否大于 8 cm，如不够 8 cm 则需对其进行凿除，使其不小于 8 cm。在凿除破损区域混凝土时，应将破损区域内钢筋网和露出的锚筋一并割除，并对修补区域的边缘进行凿齿槽处理，避免在修补区边缘形成浅薄的边口。为确保修补层与老混凝土的结合度，用角磨机或钢丝轮将需修补的、凿除处理好的基面的污染物、松散颗粒除掉，去掉破损区域老混凝土表面乳皮，粗骨料若外露部分超过 1/2 体积均应全部敲掉，处理后需露出新鲜、密实的骨料。发生严重磨损的"T"字形区域基面凿毛操作见图 6.29。混凝土表面有超出平面局部凸起的，用角磨机磨平；混凝土表面有蜂窝、麻面等缺陷的，用切割机切除薄弱部分。用压缩空气将表面砂粒、灰尘吹去，再用高压水冲洗混凝土，使基面干净无灰尘，最后再用风干、压缩空气冲吹或采用其他干燥措施使基面干燥，表面干燥程度根据配方要求控制。

图 6.29 "T"字形修补区混凝土基面凿毛施工

2）布设插筋

对于浇筑环氧混凝土的部位，先钻孔（孔径 40 mm），布置 $\phi20@0.5\text{ m}\times0.5\text{ m}$ 插筋，梅花形布置；L 型插筋深入老混凝土面 70 m，顶部水平段长 20 cm，顶面距修补层顶面距离控制在 5 cm 以上,孔内注入 0.5：1 水泥净浆;若插筋与原底板钢筋冲突时,可适当调整插筋位置。插筋距消力池底板结构 35 cm,距修补区边界 15 cm。

3) 固定厚度标尺

确定施工区域,调线确定抗冲耐磨修补层的平均厚度,并打标高点以保证修补厚度。

4) 涂刷专用环氧基液(界面黏接剂)

结合面干燥后在浇筑环氧混凝土前应先涂刷薄层环氧基液(黏接剂)。涂刷基液时,力求薄而均匀,凹凸不平难于涂刷的地方,应反复多刷几次,基液厚度以不超过 1 mm 为宜。涂刷后间隔一定时间,基液中的气泡消除后并在初凝前(用手触摸有显著的拉丝现象时)铺筑上层修补材料,具体间隔时间可根据现场试验确定。基面界面剂涂刷见图 6.30。

图 6.30　修补区混凝土基面涂刷环氧基液

5) C50 一级配亲水性环氧混凝土浇筑

采用机械拌和 C50 一级配亲水性环氧混凝土(图 6.31)。按一定配合比将环氧混凝土拌制均匀后直接铺筑到干净、平整且涂刷过环氧基液的结合面上,使其相对均匀地分层铺设,充分振捣,铺筑好的环氧混凝土表面应充分抹平,无孔隙,无脱空骨料。环氧混凝土分块浇筑,浇筑条块宽度不宜大于 2 m,分块区浇筑时间间隔不小于 24 h,待前修补块完全固化且温度降至室温后再浇后浇块,分块浇筑情况见图 6.32。

修补区混凝土分缝分块宜维持护坦原混凝土分缝分块不变,采用 10 mm 厚高密度沥青泡沫板隔缝。浇筑的环氧混凝土表面应光滑、平顺,应严格控制修补区的高程与平整度,确保与周边未修补区表面连接平滑,当表面不平整度超过 5 mm 时,采用 1：20 的斜坡平顺连接。

图 6.31　机械拌和环氧混凝土

图 6.32　一级配环氧混凝土分块浇筑

6) 养护

　　施工完毕的环氧混凝土应进行遮阳防晒干燥养护,待环氧砂浆初凝后建议恒温养护(如采取积水养护或覆盖保温被保湿养护)。养护期间,涂层应避免受到行车、人踏、撞击、雪盖、暴晒等,养护龄期一般为 7 天。

7) 修补区域与老混凝土边界接缝处理

C50 一级配环氧混凝土填补冲坑或缺陷部位完成 7 天后,新老混凝土接合缝表面两侧 20 cm 范围内涂刷界面基液黏接剂两遍,并采取有效措施保证基液尽量渗入接触缝,确保有效结合。

8) 注意事项

(1) 外界气温越高、拌和量越大,环氧胶泥固化越快,因此以少量多配为原则,可采用 10 kg 每罐试拌,然后根据具体情况逐步增加。注意监控浇筑过程中环氧混凝土温度变化,记录最大温升,根据浇筑情况及温升值确定每次浇筑厚度及浇筑间隔。

(2) 配制好的材料需在可操作时间内用完,否则应做废料处理。注意拌料量与施工进度相适应,确保足够的施工人员配置。

(3) 使用时,请注意环境温度变化,气温过高时避免施工或采取有效的降温措施,注意控制骨料的入仓温度,以防增加拌和料的绝对温升,加速环氧固化,缩短操作时间,影响浇筑质量。

(4) 施工完后应立即用清洗剂清洗施工工具,否则固化后很难清除干净。

2. 环氧砂浆施工工艺

1) 修补区基面处理

首先对破损区域进行清理,对于局部钢筋外露的部位,根据钢筋出露的破损、锈蚀等情况,结合该部位的重要性及整体性要求,现场确定处理方法。

然后,用手钎或其他工具将混凝土面疏松部分凿除,再用插尺或其他工具检查需要修补的区域,判断需修补的厚度是否大于 1 cm,如不够 1 cm 则需对其进行凿除,使其不小于 1 cm。为确保修补层与老混凝土的结合度,用角磨机或钢丝轮将需修补的、凿除处理好的基面的污染物、松散颗粒除去,去掉破损区域老混凝土表面乳皮,粗骨料若外露部分超过 1/2 体积均应全部敲掉,处理后需要露出新鲜、密实的骨料。混凝土表面有超出平面局部凸起的,用角磨机磨平;混凝土表面有蜂窝、麻面等缺陷的,用切割机切除薄弱部分。用压缩空气将表面砂粒、灰尘吹去,再用高压水冲洗混凝土,使基面干净无灰尘,最后再用风干、压缩空气冲吹或采用其他干燥措施使基面干燥,表面干燥程度根据配方要求控制。

2) 固定厚度标尺

确定施工区域,调线确定抗冲耐磨修补层的平均厚度,并打标高点以保证修补厚度。

3) 涂刷专用环氧基液(界面黏接剂)

操作方法与 C50 一级配环氧混凝土配套环氧基液涂刷方法一致。

4) 涂抹高性能改性环氧砂浆

环氧砂浆可以采用人工或机械方式配置,确保按规定配比拌制均匀。将拌好的高性能改性环氧砂浆,直接铺设到干净、平整且涂刷过界面剂的基面上,使其相对均匀地分层铺设,每层铺设厚度不宜大于 20 mm,并用力压实抹平。修补区分缝分块原则上维持护坦原消力池护坦板分缝分块不变,采用 10 mm 厚高密度沥青泡沫板隔缝。

大面积缺陷应分区进行修补,分区施工有利于避免高性能改性环氧砂浆的收缩及固化发热膨胀引起的环氧砂浆层的自身开裂和空鼓。分块边长控制在 3 m 以内,施工块间应预留 30~50 mm 的间隔缝,待固化 1~2 天后再将间隔缝用高性能改性环氧砂浆填补密实平整(具体材料与缝两侧材料相同),并与两边的施工块保持平整一致,不得有错台和明显的接缝痕迹。施工中出现的施工缝,做成 45°斜面,再次施工时,斜面应做清洁处理并涂刷界面剂后方可回填填缝料,并注意压实找平,不得出现施工冷缝。

涂抹的高性能改性环氧砂浆材料表面应光滑、平顺,应严格控制修补区的高程与平整度,确保与周边未修补区表面连接平滑,当表面不平整度超过 5 mm 时,采用 1：20 的斜坡平顺连接。

5）修补区域与老混凝土边界接缝处理

高性能改性环氧砂浆填补冲坑或缺陷部位完成 7 天后,新老混凝土接合缝表面两侧 20 cm 范围内涂刷界面基液黏接剂两遍,并采取有效措施保证基液尽量渗入接触缝,确保有效结合。

6）环氧砂浆养护

养护方法与环氧混凝土养护方法一致。

7）注意事项

(1) 基本事项与环氧混凝土一致;

(2) 环氧砂浆每次拌制量应更少,与施工进度一致。

3. 环氧胶泥施工

对于粗骨料磨蚀出露的部位先修整确定修补厚度,修补总厚度 10 mm 以上的区域涂抹高性能改性环氧砂浆,修补总厚度为 3~10 mm 的区域刮涂抗冲耐磨环氧胶泥。

1）基面处理

采用电动角磨机或钢刷等工具进行混凝土基面清理。清理表面松散层、油渍、砂粒、附着物等其他杂物时,其标准应以基面坚实、露出新鲜混凝土层为宜,避免基面由于不坚实造成修复后的胶泥脱落。用钢锥将混凝土表面气孔扩孔,凿除气孔周边的乳皮,扩孔后需彻底清除孔内残留物。用高压水(高压水需晾干,自然风干为宜)或高压风清理干净基面,自然静置直至表面干燥。

2）涂刷专用环氧基液(界面黏接剂)

涂刷方法与 C50 一级配环氧混凝土配套环氧基液涂刷方法一致。

3）材料拌制

将两组分按 A：B＝3：1 的比例,使用机械搅拌棒充分搅拌 2~3 min,使其颜色完全均匀。

4）刮涂环氧胶泥

待界面剂表干后根据基面平整度情况分次刮涂环氧胶泥,通常先进行薄层点刮,将混凝土表面上的气孔、麻面、凹槽用胶泥填满,再满刮处理。

点刮修补完毕,应及时对基面进行防尘、防水保护处理,以避免基面二次污染。

待点刮修补表干后再满刮第二层环氧胶泥,两层环氧胶泥施工刮涂方向应垂直交叉,刮涂应逆水流方向进行。

满刮前需对基面进行粉尘清理,可采用高压风吹洗或棉纱擦拭,以保证待满刮基面的清洁、干燥。在易破损及高速水流冲刷部位,可预先涂刷环氧基液,以增加满刮胶泥与基面的黏接强度,工程中可根据实际情况选择。

5）养护

环氧胶泥施工完成后应做好周边防护,防止灰尘、落叶等随风落至未固化的环氧胶泥表面。养护期间应避免管架碰撞、流水侵蚀,做好防雨雪措施,养护期为 3 天。

6.4.4 实施效果

2017 年 4~6 月对大坝一级消力池进行了全面修补,使用 C50 一级配环氧混凝土对大面积、深度磨损的"T"字形区域进行修补,面积约 860 m²,插筋施工 2179 根,修复层平均厚度 25 cm,浇筑环氧混凝土约 180 m³,修补防护前后消力池"T"字形区域情况见图 6.33、图 6.34。高性能环氧砂浆施工 5.2 m³,抗冲耐磨环氧胶泥施工 0.5 m³。修补完成后消力池的整体情况如图 6.35 所示。目前一级消力池已投入运行,修补防护区抗冲耐磨效果有待运行考验。

图 6.33　清江隔河岩大坝一级消力池修补防护前整体照片

图 6.34　清江隔河岩大坝一级消力池"T"字形修补区防护后照片

图 6.35　清江隔河岩大坝一级消力池修补防护后整体照片（养护期）

参 考 文 献

阿西米,2008.明渠浅水流动特性的试验研究[D].北京:清华大学.

白忠,2007.水工混凝土冲磨破坏研究进展[J].科技信息(36):463,490.

长江水利委员会长江科学院,华能集团技术创新中心,华能西藏发电有限公司,2016-04-20.可调速水砂冲磨试验仪:中国.ZL201521005573.X[P].

陈亮,韩炜,李珍,等,2011.聚脲基坝面保护材料的制备及其施工工艺研究[J].长江科学院院报,28(3):63-67.

陈改新,2006.高速水流下新型高抗冲耐磨材料的新进展[J].水力发电,32(3):56-75.

陈改新,纪国晋,雷爱中,等,2004.多元胶凝粉体复合效应的研究[J].硅酸盐学报(3):351-357.

陈旭东,刘林,汪加胜,2005.喷涂聚脲弹性体的凝胶时间研究[J].弹性体,15(5):15-18.

陈忠奎,范慧俐,康立训,等,2004.高硅含量自交联硅丙乳液的合成及性能研究[J].涂料工业,34(12):15-18.

城市建设环境保护部,1999.建筑涂料涂层耐冻融循环性测定法:JG/T 25—1999[S].北京:中国标准出版社:2.

程红强,杜晓刚,侯超普,2010.丙乳改性水泥砂浆试验研究[J].混凝土(5):98-100.

邓军,曲景学,夏勇,等,2001.龚嘴水电站泄洪排沙底孔磨损研究[J].四川水力发电(S1):79-81.

邓明枫,钟强,张立勇,等,2008.高性能混凝土抗冲耐磨性能试验研究[J].混凝土(2):82-83,86.

丁建彤,戴砒,白银,等,2011.一种新的抗推移质冲磨试验方法:高速水下钢球法的建立[J],混凝土(12):5-8.

丁著明,吴良义,范华,等,2001.环氧树脂的稳定化(I):环氧树脂的老化研究进展[J].热固性树脂,16(5):34-36.

冯啸,2013.抗冲耐磨混凝土和环氧砂浆在金沙峡电站枢纽消力池维修中的应用[J].甘肃水利水电技术,49(8):58-60.

冯菁,韩炜,李珍,等,2012.新型聚脲混凝土保护材料开发及工程应用研究[J].长江科学院院报,29(2):64-67.

甘常林,赵世琦,1994."海岛结构"与环氧树脂的增韧[J].热固性树脂(3):40-43.

高欣欣,蔡跃波,丁建彤,2011.基于水下钢球法的水工混凝土磨损影响因素研究[J].水力发电学报,30(2):67-71.

葛毅雄,杨晶杰,孙兆雄,2009.复掺硅灰、矿渣微粉配制抗冲耐磨高性能混凝土[J].武汉理工大学学报(7):68-71,76.

葛洲坝集团试验检测有限公司,2010.离心式混凝土抗冲耐磨试验:中国.ZL201020191183.7[P].

巩强,曹红亮,赵石林,2004.纳米 Al_2O_3 透明耐磨复合材料的研制[J].涂料工业,34(2):6-9.

国家标准局,1989.色漆和清漆耐液体介质的测定:GB/T 9274—1988[S].北京:中国标准出版社:4.

国家质量技术监督局,1993.漆膜耐冲击测定法:GB/T 1732—1993[S].北京:中国标准出版社:3.

国家质量技术监督局,1999.色漆和清漆漆膜的划格试验:GB/T 9286—1998[S].北京:中国标准出版社:7.

国家质量技术监督局,2000.建筑防水材料老化试验方法:GB/T 18244—2000[S].北京:中国标准出版社:17.

韩炜,陈亮,肖承京,2012.新型聚脲基抗冲耐磨系统在水电工程施工中的应用:以宜昌尚家河大坝溢流面施工为例[J].人民长江,43(24):42-44.

韩素芳,1996.混凝土工程病害与修补加固[M].北京:海洋出版社.

韩练练,2009.聚氨酯(聚脲)弹性体抗冲耐磨材料在水工泄水建筑物上的应用研究[J].西北水电(3):33-37.

何小芳,杨南南,贺超峰,等,2013.纳米 TiO_2 在聚合物抗紫外光老化中的研究进展[J].材料导报,27(15):50-53.

衡艳阳,赵文杰,2014.聚合物改性水泥基材料的研究进展[J].硅酸盐通报,33(2):365-371.

洪荣根,2014.SK 手刮聚脲在白莲崖水库泄洪洞中的应用[J].水利建设(13):161-162.

洪啸吟,冯汉保,2005.现代化学基础丛书4:涂料化学[M].2版.北京:科学出版社:384.

胡玉明,吴良义,2004.固化剂[M].北京:化学工业出版社:525.

黄国兴,陈改新,1998.水工混凝土建筑物修补技术及应用[M].北京:中国水利水电出版社.

黄微波,2005.喷涂聚脲弹性体技术[M].北京:化学工业出版社:362.

黄微波,2006.喷涂聚脲弹性体结构与性能的关系:芳香族材料[J].涂料工业,44(5):35-38.

黄微波,王宝柱,陈酒姜,等,2004.喷涂聚脲弹性体技术的发展历程[J].现代涂料与涂装(4):9-12.

黄微波,刘旭东,马学强,等,2011.喷涂纯聚脲技术在水利工程防护中的应用与展望[J].现代涂料与涂装,14(9):20-24.

黄微波,谢远伟,胡晓,等,2013.海洋大气环境下纯聚脲重防腐涂层耐久性研究[J].材料导报,27(3):23-26.

黄绪通,侯俊国,王奇,1990.采用碾压混凝土作为抗冲耐磨材料的探讨[J].水利水电技术(11):20-23.

蒋正武,2009.混凝土修补原理、技术与材料[M].北京:化学工业出版社.

蒋硕忠,薛希亮,1997.YHR 抗气蚀材料的研究及在葛洲坝船闸反弧门上的应用[J].水利水电技术,28(3):19-22.

金士九,1999.环氧树脂的增韧[J].粘接(s1):17-21.

孔祥明,李启宏,2009.苯丙乳液改性砂浆的微观结构与性能[J].硅酸盐学报,37(1):107-114.

李桂林,2003.环氧树脂与环氧涂料[M].北京:化学工业出版社:682.

李北星,陈明祥,舒恒,等,2003.聚丙烯纤维混凝土力学性能试验研究[J].混凝土(11):21-24.

李光伟,2011.纤维素纤维在水工抗冲耐磨高性能混凝土中的应用[J].水利水电技术(10):124-127.

李光伟,杨元慧,2004.溪洛渡水电站抗冲耐磨混凝土性能试验研究[J].水电站设计(3):92-97.

李晓红,2008.硅粉混凝土与 HF 高强耐磨粉煤灰混凝土的应用[J].人民长江(9):90-91,110.

李元庆,2007.LED 封装用透明环氧纳米复合材料的制备及性能研究[D].北京:中国科学院理化技术研究所.

李志高,马红亮,黄微波,2010.聚脲提高海工和水工混凝土抗冻性的研究[J].大坝与安全(5):1-5.

廖碧娥,1993.提高抗冲耐磨混凝土性能的机理和途径[J].水利水电技术(9):25-29.

廖碧娥,白福来,1984.铸石混凝土耐冲磨性能的试验研究[J].武汉水利电力学院学报(4):107-113.

林宝玉,1998."水工混凝土抗冲耐磨防空蚀技术规范"介绍[J].水利水运科学研究,9(s1):8-13.

林宝玉,吴绍章,1998.混凝土工程新材料设计与施工[M].北京:中国水利水电出版社:252.

林宝玉,庄英豪,卢安琪,等,1982.丙烯酸酯共聚乳液水泥砂浆的研究与应用[J].工业建筑,12(10):30-35.

林毓梅,1990.硅粉及硅粉混凝土综述[J].河海大学科技情报,10(3):59-67.

刘方,2012.低收缩抗紫外环氧基砂浆的制备与性能[D].南京:南京工业大学.

刘崇熙,汪在芹,2000.坝工混凝土耐久寿命的现状和问题[J].长江科学院院报,17(1):17-20.

刘卫东,赵治广,杨文东,2002.丙乳砂浆的水工特性试验研究与工程应用[J].水利学报,33(6):43-46.

卢安琪,黄国泓,祝烨然,等,2010.水工泄水建筑物抗冲耐磨材料的研究[C]//全国泄水建筑物安全及新材料新技术应用研讨会论文集.深圳:中国水利技术信息中心:96-101.

吕平,陈国华,黄微波,2007.聚天冬氨酸酯聚脲涂层加速老化行为研究[J].四川大学学报,39(2):92-97.

马少军,姚汝方,李光宇,等,2004.硅粉粉煤灰双掺高性能混凝土的配制及其应用[J].西北农林科技大学学报(自然科学版)(9):127-130,134.

马宇,任亮,冯启,等,2017.单组分聚脲材料在寒冷地区某大坝溢流面防护中的应用[J].中国水利水电科学研究院学报,15(1):49-53.

买淑芳,陈肖蕾,姚斌,2004.环氧砂浆涂层老化状况研究与弹性环氧材料的开发[J].大坝与安全(5):20-23.

买淑芳,方文时,杨伟才,等,2005.海岛结构环氧树脂材料的抗冲耐磨试验研究[J].水利学报(12):1498-1502.

茅素芬,肖丽,1996.聚氨酯-环氧树脂共混物的形态结构及其力学性能[J].高分子材料科学与工程,12(1):85-90.

孟庆森,刘俊玲,1999.环氧树脂基复合材料抗冲蚀磨损特性研究[J].材料科学与工艺,7(2):82-86.

潘江庆,2002.抗氧剂在高分子领域的研究和应用[J].高分子通报(1):57-66.

齐邦峰,班红艳,曹祖宾,等,2002.有机大分子中的光稳定剂[J].抚顺石油学院学报,22(1):19-22.

乔生祥,1997.水工混凝土缺陷检测和处理[M].北京:中国水利水电出版社.

宋波,2013.PBO纤维表面耐紫外涂层的制备及其光老化性能研究[D].哈尔滨:哈尔滨工业大学.

苏炜焕,2015.水库消能工程防冲抗磨技术应用研究[J].水利建设与管理(10):22-25.

孙红尧,王家顺,林军,2007.喷涂弹性体涂料在水闸基础桩工程上的应用[J].人民长江,38(2):41-48.

孙以实,赵世琦,林秀英,等,1988.橡胶增韧环氧树脂机理的研究[J].高分子学报,1(2):101-106.

孙志恒,2010.SK柔性抗冲耐磨防渗涂料及其工程应用[C]//全国水工泄水建筑物安全及抗冲耐磨新材料开发新技术应用论文集:56-59.

孙志恒,关遇时,鲍志强,2006.喷涂聚脲弹性体技术在尼尔基水利工程中的应用[J].水力发电,32(9):31-33.

孙志恒,郝巨涛,2013a.聚脲防水材料在水利水电工程中的应用[J].工程质量,31(10):20-22,26.

孙志恒,张会文,2013b.聚脲材料的特性、分类及其应用范围[J].水利规划与设计(10):36-38.

孙志恒,朱德康,王健平,等,2013.富春江水电站溢流面混凝土抗冲耐磨防护试验[J].水利水电技术,44(9):90-92.

孙志恒,孙祥,吴娱,等,2017.泄水建筑物推移质冲磨破坏修复技术[J].水力发电,43(7):58-61.

谈慕华,陆金平,吴科如,1995.羧基丁苯胶乳改性水泥砂浆的性能[J].同济大学学报,23(增刊):60-65.

王军,彭守军,2006.抗冲耐磨混凝土在姜射坝水电站的试验研究与应用[J].贵州水力发电(2):72-76.

王东,祝烨然,黄国泓,等,2012.HLC-GMS特种抗冲耐磨聚合物钢纤维砂浆的性能研究[J].混凝土(5):
　　111-113.

王新,刘广胜,骆少泽,等,2013.泄水建筑物聚脲防护材料抗蚀性能试验研究[J].水力发电学报,32(6):
　　222-227.

王宝柱,黄微波,徐德喜,等,2000.SPUA-202喷涂聚脲铺地材料的研制[J].聚氨酯工业,15(3):17-20.

王宇飞,孙澜珲,杨振国,2008.热固性耐磨聚合物及其复合材料的研究现状[J].高分子材料科学与工
　　程,24(4):1-4.

王冰伟,孙志恒,2015.SK单组分刮涂聚脲及其工程应用[J].中国水利水电科学研究院学报,13(2):
　　106-110.

王洪镇,王洪航,2008.抗冲耐磨外加剂在水工混凝土中的应用研究[J].混凝土与水泥制品(4):20-22.

王进龙,余江鸿,蔺学勇,2010.IPN新型聚合物防腐材料的应用研究[J].甘肃冶金,32(3):83-84.

王磊,何真,杨华全,等,2013.硅粉增强混凝土抗冲耐磨性能的微观机理[J].水利学报(1):111-118.

王立军,周江余,2006.葛洲坝水利枢纽泄水孔及过流面的检修方法[A]//中国水利学会中国水力发电工
　　程学会中国大坝委员会.水电2006国际研讨会论文集[C].5.

王雅芳,2010.LED封装用透明环氧的抗紫外老化性能研究[J].北京电子科技学院学报,22(4):34-41.

王迎春,丁福珍,颜金娥,等,2009.修补过流面混凝土缺陷的新型抗冲耐磨材料研究[J].人民长江,40(1):
　　69-71.

万雄卫,李北星,闵四海,等,2007.JME改性环氧砂浆抗冲耐磨修补材料的研究与应用[J].施工技术,36(5):
　　94-96.

魏涛,董建军,2007.环氧树脂在水工建筑物中的应用[M].北京:化学工业出版社:289.

吴怀国,2005a.水工混凝土喷涂聚脲弹性体抗冲耐磨涂层的相关应用技术研究[J].中国水利水电科学
　　研究院学报,3(1):40-44.

吴怀国,2005b.喷涂聚脲弹性体与潮湿混凝土基材黏接性能研究[J].粘结(2):47-48.

吴守伦,张茂盛,强浩明,2008.新型抗冲耐磨材料聚脲弹性体在龙口工程的应用[J].水利建设与管理,
　　28(5):20-21.

徐雪峰,蔡跃波,2011.新型纳米Al_2O_3/ZrO_2抗冲耐磨面层涂料的研究[J].新型建筑材料,38(5):63-65.

徐雪峰,施猛杰,胡迪春,2003a.水工泄水建筑物抗冲耐磨涂料的研究[J].化学建材(2):15-16.

徐雪峰,杨长征,邱益军,等,2003b.水工泄水建筑物耐磨涂层护面工艺探讨[J].水利水电技术(6):
　　21-23.

徐雪峰,白银,余熠,2012.水工泄水建筑物抗冲耐磨高分子护面材料综述[J].人民长江,43(s1):177-
　　179,198.

杨宇润,黄微波,陈酒姜等,1999.SPUA-102喷涂聚脲弹性体耐磨材料的研制[J].聚氨酯工业,14(4):
　　19-23.

杨春光,2006.水工混凝土抗冲耐磨机理及特性研究[D].咸阳:西北农林科技大学.

杨春光,王正中,田江永,2006.水工混凝土抗冲耐磨性能试验研究[J].人民黄河(4):73-74.

杨军,宋洁,李天虎,2006.聚氨醋改性环氧树脂耐磨涂料的研制[J].电镀与涂饰(6):27-30.

尹延国,胡献国,朱元吉,1998.水工高强混凝土抗磨耐蚀性试验研究[J].水利水电技术,29(2):51-52.

尹延国,胡献国,崔德密,等,2001a.水工混凝土小角度冲蚀磨损特性的研究[J].摩擦学学报(2):
　　126-130.

尹延国,胡献国,崔德密,2001b.水工混凝土冲击磨损行为与机理研究[J].水力发电学报(4):57-64.

余剑英,孙涛,官建国,2001.环氧树脂增韧研究进展[J].武汉理工大学学报,23(7):4-7.

余建平,Durot L,2008.单组分无溶剂聚氨酯和单组分聚脲[J].新型建筑材料(9):49-53.

张涛,2007.NE-Ⅱ环氧砂浆的研制及其在水电工程上的应用[J].水利水电施工(3):94-96.

张涛,2015.抗推移质泥沙冲磨的高性能混凝土试验研究[D].乌鲁木齐:新疆农业大学.

张涛,徐尚治,2001.新型环氧树脂砂浆在水电工程中的应用[J].热固性树脂,16(6):26-28.

张涛,黄俊玮,丁清杰,2010.水工泄水建筑物抗冲耐磨机理及新型抗冲耐磨材料的研究与应用[C]//全国泄水建筑物安全及新材料新技术应用研讨会论文集:18-25.

张建峰,2011.水工抗冲磨混凝土的抗裂性能研究[D].武汉:长江科学院.

张振忠,陈亮,汪在芹,等,2016.水工泄水建筑物抗冲耐磨材料发展现状[J].化工新型材料,44(10):230-232.

郑亚萍,宁荣昌,陈立新,2006.纳米材料对环氧树脂耐热性的改性研究[J].热固性树脂,21(1):18-20.

支拴喜,2011.高速含沙水流建筑物抗磨蚀混凝土护面技术研究及应用[D].西安:西安理工大学.

钟萍,彭恩高,李健,2007.聚氨酯(脲)涂层冲蚀磨损性能研究[J].摩擦学学报,27(5):447-450.

钟世云,袁华,2003.聚合物在混凝土中的应用[M].北京:化学工业出版社:342.

钟世云,陈志源,刘雪莲,2000.三种乳液改性水泥砂浆性能的研究[J].混凝土与水泥制品,22(1):18-20.

中华人民共和国国家发展和改革委员会,2004.环氧树脂砂浆技术规程:DL/T 5193—2004[S].北京:中国电力出版社:86.

中华人民共和国国家发展和改革委员会,2005.水工建筑物抗冲耐磨防空蚀混凝土技术规范:DL/T 5207—2005[S].北京:中国电力出版社:71.

中华人民共和国国家发展和改革委员会,2006.纤维水泥平板:第1部分:无石棉纤维水泥平板:JC/T 412.1—2006[S].北京:中国标准出版社:7.

中华人民共和国国家发展和改革委员会,2008.建筑防水涂料中有害物质限量:JC 1066—2008[S].北京:中国建材工业出版社:11.

中华人民共和国国家经济贸易委员会,2002.水工混凝土试验规程:DL/T 5150—2001[S].北京:中国电力出版社:267.

中华人民共和国国家质量监督检验检疫总局,中国国家标准化管理委员会,2006.冷轧钢板和钢带的尺寸、外形、重量及允许偏差:GB/T 708—2006[S].北京:中国标准出版社:6.

中华人民共和国国家质量监督检验检疫总局,中国国家标准化管理委员会,2007a.色漆和清漆耐磨性的测定旋转橡胶砂轮法:GB/T 1768—2006/ISO 7784—2:1997[S].北京:中国标准出版社:9.

中华人民共和国国家质量监督检验检疫总局,中国国家标准化管理委员会,2007b.色漆和清漆快速变形(耐冲击性)试验:第1部分:落锤试验(大面积冲头):GB/T 20624.1—2006/ISO 6272—1:2002[S].北京:中国标准出版社:6.

中华人民共和国国家质量监督检验检疫总局,中国国家标准化管理委员会,2007c.色漆和清漆快速变形(耐冲击性)试验:第2部分:落锤试验(小面积冲头):GB/T 20624.2—2006/ISO 6272—2:2002[S].北京:中国标准出版社:6.

中华人民共和国国家质量监督检验检疫总局,中国国家标准化管理委员会,2007d.色漆和清漆拉开法附着力试验:GB/T 5210—2006[S].北京:中国标准出版社:9.

中华人民共和国国家质量监督检验检疫总局,中国国家标准化管理委员会,2008a.建筑防水涂料试验方法:GB/T 16777—2008[S].北京:中国标准出版社:17.

中华人民共和国国家质量监督检验检疫总局,中国国家标准化管理委员会,2008b.树脂浇铸体性能试验
方法:GB/T 2567—2008[S].北京:中国标准出版社:15.

中华人民共和国国家质量监督检验检疫总局,中国国家标准化管理委员会,2008c.硫化橡胶或热塑性橡
胶撕裂强度的测定(裤形、直角形和新月形试样):GB/T 529—2008[S].北京:中国标准出版社:10.

中华人民共和国国家质量监督检验检疫总局,中国国家标准化管理委员会,2008d.硫化橡胶或热塑性橡
胶压入硬度试验方法:第1部分:邵氏硬度计法(邵尔硬度):GB/T 531.1—2008[S].北京:中国标准出
版社:7.

中华人民共和国国家质量监督检验检疫总局,中国国家标准化管理委员会,2008e.色漆和清漆涂层老化
的评级方法:GB/T 1766—2008[S].北京:中国标准出版社:9.

中华人民共和国国家质量监督检验检疫总局,中国国家标准化管理委员会,2008f.色漆和清漆标准试
板:GB/T 9271—2008[S].北京:中国标准出版社:10.

中华人民共和国国家质量监督检验检疫总局,中国国家标准化管理委员会,2008g.涂料试样状态调节和
试验的温湿度:GB/T 9278—2008[S].北京:中国标准出版社:2.

中华人民共和国国家质量监督检验检疫总局,中国国家标准化管理委员会,2008h.分析实验室用水规格
和试验方法:GB/T 6682—2008[S].北京:中国标准出版社.

中华人民共和国国家质量监督检验检疫总局,中国国家标准化管理委员会,2009a.喷涂聚脲防水涂料:
GB/T 23446—2009[S].北京:中国标准出版社:8.

中华人民共和国国家质量监督检验检疫总局,中国国家标准化管理委员会,2009b.建筑涂料涂层耐洗刷
性的测定:GB/T 9266—2009[S].北京:中国标准出版社:3.

中华人民共和国国家质量监督检验检疫总局,中国国家标准化管理委员会,2009c.硫化橡胶或热塑性橡
胶拉伸应力应变性能的测定:GB/T 528—2009[S].北京:中国标准出版社:19.

中华人民共和国国家质量监督检验检疫总局,中国国家标准化管理委员会,2009d.喷涂聚脲防水涂料:
GB/T 23446—2009[S].北京:中国标准出版社:8.

中华人民共和国国家质量监督检验检疫总局,中国国家标准化管理委员会,2009e.建筑涂料涂层耐碱性
的测定法:GB/T 9265—2009[S].北京:中国标准出版社:2.

中华人民共和国水利部,2006.水工混凝土试验规程:SL 352—2006[S].北京:中国水利水电出版
社:371.

中华人民共和国住房和城乡建设部,中华人民共和国国家质量监督检验检疫总局,2010.普通混凝土长
期性能和耐久性能试验方法:GB/T 50082—2009[S].北京:中国建筑工业出版社:164.

朱燕东,2012.火成岩纤维水工混凝土及砂浆的抗冲耐磨性能研究[D].杭州:浙江工业大学.

祖福兴,2010.船闸抗冲耐磨混凝土性能及应用研究[D].成都:西南交通大学.

庄正新,1992.葛洲坝水利枢纽二江泄水闸护坦冲磨及修补[J].水利水电技术(10):53-55.

美国材料与试验协会,1993. Standard Test Method for Resistance of Organic Coatings to the Effects of
Rapid Deformation (Impact)(有机涂层抗快速形变(冲击)作用的标准测试方法):ASTM D2794-93
(2010)[S].

美国材料与试验协会,2005. Standard Practice for Fluorescent UV-Condensation Exposures of Paint and
Related Coatings(涂料及相关涂层紫外线/冷凝暴露试验):ASTM D4587—2005[S].

美国材料与试验协会,2009. Standard Test Method For Pull-Off Strength of Coating Using Portable Adhesion

Testers（用便携式附着力测试仪测定涂层拉脱强度的标准试验方法）：ASTM D4541—2009[S].

AFRIDI M U K,OHAMA Y,DEMURA K,et al. ,2003. Development of polymer films by the coalescence of polymer particles in powdered and aqueous polymer-modified mortars[J]. Cement and Concrete Research,33(11):1715-1721.

BITTER J G A. 1963. A study of erosion phenomena,Part I[J]. Wear,6(1):5-21.

DAN R,ROSU L,MUSTATA F,et al. ,2012. Effect of UV radiation on some semi-interpenetrating polymer networks based on polyurethane and epoxy resin[J]. Polymer Degradation and Stability,97 (8):1261-1269.

DELOR-JESTIN F,DROUIN D,CHEVAL P Y,et al. ,2006. Thermal and photochemical ageing of epoxy resin-influence of curing agents[J]. Polymer Degradation and Stability,91(6):1247-1255.

HUANG W B,LÜ P,2010. Dependence of dynamic mechanical property and morphology of polyaspartic esters based polyurea on curing temperature[J]. Polymer Materials Science and Engineering,26(3):72-74.

HUANG W B,LÜ P,ZHANG J,et al. ,2011. Properties of aliphatic polyurea coated concrete under salt fog exposure[J]. Advanced Materials Research,168-170:1010-1015.

JIN F L, PARK S J, 2012. Thermal properties of epoxy resin/filler hybrid composites[J]. Polymer Degradation and Stability,97(11):2148-2153.

JANG B Z,PATER R H,SOUCEK M D,et al. ,1992. Plastic-deformation mechanism in polyimide resins and their semi-interpenetrating networks[J]. Journal of Polymer Science Part B Polymer Physics,30 (7):643-654.

KNAPEN E,GEMERT D V,2009. Cement hydration and microstructure formation in the presence of water-soluble polymers[J]. Cement and Concrete Composites,39(1):6-13.

LIN M S, WANG M W, CHENG L A, 1999. Photostabilization of an epoxy resin by forming interpenetrating polymer networks with bisphenol-A diacrylate[J]. Polymer Degradation and Stability, 66(3):343-347.

LÜ P,HUANG W B,SHI H,et al. ,2010. Effect of curing temperature on morphology and properties of polyureas based on polyaspartic Esters[J]. Materials Science Forum,650(32):33-37.

LÜ P,LI X M,HUANG W B,2011. Effect of dry-wet circulation and temperature change on properties of polyurea coatings[J]. Advanced Materials Research,150-151:1203-1208.

MAILHOT B,MORLAT-THÉRIAS S,BUSSIÈRE P O,et al. ,2008. Photoageing behaviour of epoxy nanocomposites:comparison between spherical and lamellar nanofillers[J]. Polymer Degradation and Stability,93(10):1786-1792.

NEILSON J H,GILCHRIST A,1968. Erosion by a stream of solid particles[J]. Wear,11(2):111-122.

OHAMA Y,1998. Polymer-based admixtures[J]. Cement and Concrete Composites,20:189-212.

OHAMA Y,DEMURA K,MIYAKE M,1986. Diffusion of chloride ions in polymer-modified mortars and concretes(in Japanese)[J]. Semento Gijutsu Nempo,11(40):87-89.

PLANK J,GRETZ M,2008. Study on the interaction between anionic and cationic latex particles and Portland cement [J]. Colloids and Surfaces A Physicochemical and Engineering Aspects, 330 (2): 227-233.

REDDINGER J L,HILLMAN K M,2000. Turning the properties of polyurea elastomer systems via raw material selection and processing parameter modulation[J]. Proceedings of the Utech 2000 Conference.

SAIJA L M,1995. Waterproofing of Portland cement mortars with a specially designed polyacrylic latex [J]. Cement and Concrete Research,25(3):503-509.

SAKAI E,SUGITA J,1995. Composite mechanism of polymer modified cement[J]. Cement and Concrete Research,25(1):127-135.

SHAO X,LIU W,XUE Q,2010. The tribological behavior of micrometer and nanometer TiO_2 particle filled poly(phthalazine ether sulfone ketone) composites[J]. Journal of Applied Polymer Science,92 (2):906-914.

SULTAN J N,MC GARRY F J,1973. Effect of rubber particle size on deformation mechanisms in glassy epoxy[J]. Polymer Engineering & Science,13(1):29-34.

VOGT B,2004. Nanodiamonds increase the life of automotive paints[J]. Industrial Diamond Review,64 (3):30-31.

WANG Q,XU J,SHEN W,et al. ,1996. An investigation of the friction and wear properties of nanometer Si_3N_4 filled PEEK[J]. Wear,196(1/2):82-86.

WANG Q,XUE Q,LIU W,et al. ,2015. Effect of nanometer SiC filled on the tribological behavior of PEEK under distilled water lubrication[J]. Journal of Applied Polymer Science,78(3):609- 614.

WANG R,WANG P M,LI X G,2005. Physical and mechanical properties of styrene-butadiene rubber emulsion modified cement mortars[J]. Cement and Concrete Research,35(5):900-906.

WANG X,LUO S Z,HU Y A,2012. High-speed flow erosion on a new roller compacted concrete dam during construction[J]. Journal of Hydrodynamics(Series B),24(1):32-38.

WANG X,LUO S Z,LIU G S,et al. ,2014. Abrasion test of flexible protective materials on hydraulic structures[J]. Water Science and Engineering,7(1):106-116.

WETZELA B,HAUPERTA F,ZHANG M Q,2003. Epoxy nanocomposites with high mechanical and tribological performance[J]. Composites Science and Technology,63(14):2055-2067.

WICKS D A,YESKE P E,1997. Amine chemistries for isocyanate- based coatings[J]. Progress in Organic Coatings,30(4):265-270.

WONG W G,FANG P,PAN J K,2003. Dynamic properties impact toughness and abrasiveness of polymer modified pastes by using nondestructive tests[J]. Cement and Concrete Research,33(9):1371-1374.